Problèmes d'automatique

Collection DUNOD UNIVERSITE

Série Electronique, Electrotechnique, Automatique

G. Cœure, *Méthodes mathématiques pour la physique et les sciences appliquées.*
M. Decuyper, J. Kuntzmann, *Modèles mathématiques de la physique.*

Electrotechnique:

R. Bonnefille et J. Robert, *Principes généraux des convertisseurs directs d'énergie.*
C. Toussaint et M. Lavabre, *20 problèmes résolus d'électrotechnique.*

Electronique:

J. Auvray, *Electronique des signaux analogiques.*
J. Auvray, *Electronique des signaux échantillonnés et numériques.*
P. Leturcq, G. Rey, *Physique des composants actifs à semi-conducteurs.*
P.-F. Combes, *Ondes métriques et centimétriques.*
P.-F. Combes, *Transmission en espace libre et sur les lignes.*
P.-F. Combes, *Composants, dispositifs et circuits actifs en micro-ondes.*

Automatique:

F. de Carfort et C. Foulard, *Asservissements linéaires continus.*
Y. Sevely, *Systèmes et asservissements linéaires échantillonnés.*
L. Povy, *Identification des processus.*
M. Courvoisier et R. Valette, *Logique combinatoire.*
J. Lagasse, M. Courvoisier, J.-P. Richard, *Logique séquentielle.*
J.-C. Gille, *Introduction aux systèmes asservis non linéaires.*

Problèmes d'automatique

par

Jean-Pierre ELLOY **Jean-Marie PIASCO**

Maîtres-assistants
au Laboratoire d'Automatique
de l'École Nationale Supérieure de Mécanique
de Nantes

Dunod

BORDAS, Paris, 1981
ISBN 2-04-011218-9

Remerciements

Ce livre est le résultat de l'enseignement du Laboratoire d'Automatique de l'Ecole Nationale Supérieure de Mécanique de Nantes (France). Il rassemble des problèmes d'automatique posés aux élèves-ingénieurs de l'E.N.S.M. par les auteurs et leurs collègues ; R. MEZENCEV, M. HAMY, B. CHENEVEAUX, Ph. de LARMINAT, J.L. JEANNEAU, auxquels nous exprimons ici nos vifs remerciements.

La réalisation du manuscrit prêt à tirer a été effectuée à l'E.N.S.M. Nous nous permettons donc d'insister sur l'excellent travail de Mme J. POTIRON qui a dactylographié et mis en page cet ouvrage, ainsi que sur celui de MM. P. PONTHOREAU et P. MICHAUD (Ingénieurs E.N.S.M., promotion 79) qui en ont dessiné les figures. S'il reste quelque erreur, la responsabilité en incombe entièrement aux auteurs.

Table des matières

PRÉFACE 5

NOTATIONS ET SYMBOLES 7

1 ASSERVISSEMENTS LINÉAIRES 9

1.1 MISE EN EQUATIONS, DIAGRAMME FONCTIONNEL, ETUDE DE SYSTEMES SIMPLES 9

1.1.1 Système de bacs 9

1.1.2 Régulateur pneumatique 11

1.1.3 Asservissement hydraulique 13

1.1.4 Etude d'un asservissement de position 15

1.1.5 Etude du vol symétrique d'un avion au voisinage du vol horizontal 17

1.1.6 Filtre électrique 23

1.2 SYSTEMES EN BOUCLE OUVERTE ET EN BOUCLE FERMEE, REGLAGE DU GAIN, LIEU D'EVANS 27

1.2.1 Exemple 1 de réglage de gain 27

1.2.2 Exemple 2 de réglage de gain 29

1.2.3 Appareil à gouverner hydraulique 31

1.2.4 Lieu des pôles (Evans) de quelques systèmes bouclés 36

1.2.5 Etude d'une régulation de niveau 40

1.3 STABILITE DES SYSTEMES ASSERVIS 43

1.3.1 Stabilité de quelques systèmes asservis à retour unitaire 43

1.3.2 Exemple d'utilisation des critères de Routh et Nyquist 48

1.3.3 Etude du pilote automatique d'un avion 50

1.3.4 Asservissement de la conductivité d'une solution 58

1.3.5 Asservissement de cap d'un navire 62

1.3.6 Asservissement de l'assiette d'un avion 63

1.4 PRECISION ET CORRECTION DES SYSTEMES ASSERVIS 67

1.4.1 Exercice 1 sur la précision d'un asservissement 67

1.4.2 Exercice 2 sur la précision d'un asservissement 69

1.4.3 Etude d'un asservissement de vitesse 72

1.4.4 Réglage du gain et précision d'un système asservi 78

1.4.5 Mélangeur 80

1.4.6 Correction d'un système asservi par un réseau à avance ou un réseau à retard de phase 82

1.4.7 Etude du pilote automatique d'un véhicule spatial 86

2 ASSERVISSEMENTS NON LINÉAIRES 89

2.1 METHODE DU PREMIER HARMONIQUE 89

2.1.1 Calcul du gain équivalent et oscillations limites 89

2.1.2 Relais tout ou rien avec hystérésis 94

2.1.3 Relais tout ou rien avec seuil et hystérésis 96

2.1.4 "Collage" d'un régulateur pneumatique 101

2.1.5 Relais tout ou rien avec seuil 104

2.1.6 Etude d'un système asservi à gain non-linéaire 107

2.2 METHODE DU PLAN DES PHASES 110

2.2.1 Méthode des isoclines 110

2.2.2 Asservissement de position à relais 114

2.2.3 Asservissement de position en présence de frottements 118

2.2.4 Exercice 2.1.1 résolu par la méthode du plan des phases 124

2.3 PROBLEMES 126
2.3.1 Pilotage automatique d'un avion 126
2.3.2 Etude d'un réseau correcteur non-linéaire à avance de phase 136

3 ESPACE DES ÉTATS 141

3.1 EQUATION D'ETAT 141
3.1.1 Transmittance à pôles multiples 141
3.1.2 Processus multivariable 143
3.1.3 Système électrique 145
3.1.4 Groupe Ward - Leonard 146
3.1.5 Passage d'équation d'état à transmittance 150

3.2 CHANGEMENT D'ETAT 151
3.2.1 Diagonalisation de la matrice d'état 151
3.2.2 Simplification de l'équation d'état 153
3.2.3 Valeurs propres multiples 156
3.2.4 Valeurs propres complexes 160

3.3 OBSERVABILITE, COMMANDABILITE 162
3.3.1 Processus monovariable 162
3.3.2 Observateur 164

3.4 REPONSE D'UN SYSTEME DECRIT SOUS FORME D'EQUATION D'ETAT 167
3.4.1 Calcul de la matrice de transition 167
3.4.2 Réponse indicielle sans conditions initiales 169
3.4.3 Réponse indicielle avec conditions initiales 171
3.4.4 Valeurs propres complexes 172
3.4.5 Calcul direct par les modes propres 175

3.5 METHODE DE LYAPUNOV 178
3.5.1 Stabilité 178
3.5.2 Stabilité d'un système bouclé 179
3.5.3 Calcul d'une loi de commande 180
3.5.4 Asservissement d'un moteur 182

Préface

Cet ouvrage est consacré aux problèmes d'analyse et de commande des systèmes continus. Il rassemble des exercices de difficultés croissantes ; l'apparition d'un nouveau concept fait l'objet d'un développement complet qui est ensuite repris de façon abrégée dans les exercices suivants. Il s'adresse essentiellement aux étudiants, techniciens et ingénieurs qui désirent s'initier de façon pratique aux principes classiques et modernes de l'Automatique, ainsi qu'à leur application à des processus industriels de toute nature.

Cet ouvrage est divisé en trois parties :

Le chapitre 1 est consacré aux asservissements linéaires. On y trouve des exercices sur l'étude de systèmes linéaires simples, des performances d'un asservissement, de la stabilité de la précision et de la compensation d'un système asservi.

Le chapitre 2 traite des asservissements non linéaires. On applique tout d'abord la méthode du premier harmonique, puis celle du plan de phase pour résoudre un ensemble de problèmes où l'on étudie essentiellement les auto-oscillations dues à une non linéarité.

Le troisième chapitre utilise la représentation sous forme d'équation d'état des systèmes linéaires. Il rassemble des exercices qui illustrent les techniques qui permettent d'obtenir une telle représentation et son application à l'étude de la stabilité et le calcul des lois de commande.

Ce livre n'a pas la prétention de traiter toute l'Automatique classique et moderne. Les auteurs espèrent qu'il permettra aux lecteurs de bien assimiler les principes fondamentaux (décrits dans les ouvrages de cours parus dans la même collection), grâce à des problèmes concrets. Ils pourront, ensuite, se référer à des ouvrages plus spécialisés s'ils désirent approfondir leurs connaissances dans d'autres domaines de l'Automatique.

Notations et symboles

$x \in [a,b]$	$a \leqslant x \leqslant b$
$\text{sign}\, x$	signe de x (+ 1 ou - 1)
$\sum_{i=1}^{n} \alpha_i$	$\alpha_1 + \alpha_2 + \ldots + \alpha_n$
$\underline{x}$	vecteur colonne
$\underline{x}^T$	vecteur ligne
A^T	transposée de A (matrice)
$\mathbb{I}$	matrice unité
det (A), $\lvert A \rvert$	déterminant de A

CHAPITRE 1

Asservissements linéaires

1.1 MISE EN EQUATIONS, DIAGRAMME FONCTIONNEL, ETUDE DE SYSTÈMES SIMPLES

1.1.1 SYSTEME DE BACS

On se propose d'étudier l'évolution des niveaux N_2 et N_3 de l'eau qui se déverse dans les bacs 2 et 3 du système présenté sur la figure. Cette étude portera sur les petites variations de ces niveaux qui résultent de petites variations du débit d'alimentation Q autour de la valeur $Q_0 = 1\ dm^3/s$. Les trois bacs (cylindriques) ont pour sections $S_1 = 2\ dm^2$, $S_2 = 3\ dm^2$ et $S_3 = 2,5\ dm^2$, et les trois restrictions R ont pour coefficients de débits $K_1 = K_2 = 0,4$ et $K_3 = 0,25$. Ces coefficients sont définis par $Q^2 = K.\Delta P$ où Q est le débit qui traverse la restriction (en dm^3/s) et ΔP la différence de pression (en dm d'eau) aux bornes de la restriction.

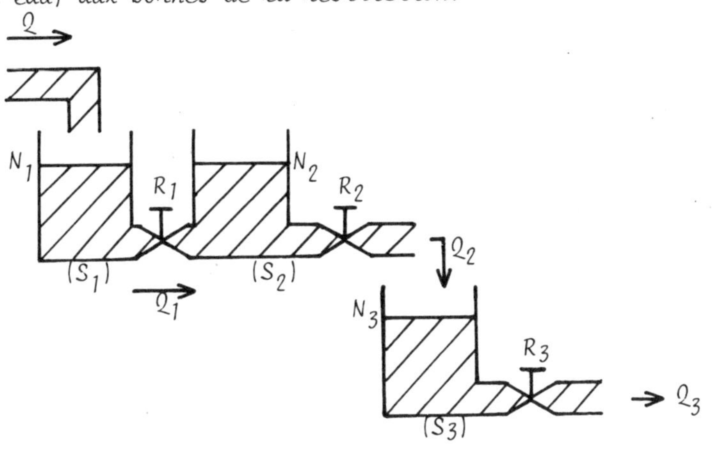

a) En supposant Q constant et égal à Q_0, établir les expressions et les valeurs en régime permanent Q_{10} de Q_1, Q_{20} de Q_2, Q_{30} de Q_3 et de même pour les niveaux N_{10}, N_{20}, N_{30}.

b) Lorsque Q varie autour de Q_0, on pose $Q = Q_0 + q$. Etablir alors l'expression littérale de la fonction de transfert $\frac{n_2(p)}{q(p)}$ où n_2 représente la variation de N_2 autour de N_{20}.

c) Cette fonction de transfert peut se mettre sous la forme $\frac{G}{(1+p.T_a)(1+p.T_b)}$. Calculer les valeurs numériques de G, T_a et T_b.

d) Mêmes questions pour $\frac{n_3(p)}{q(p)} = \frac{G'}{(1+p.T_a)(1+p.T_b)(1+p.T_c)}$.

* * * * *

a) En régime permanent, $Q_{10} = Q_{20} = Q_{30} = Q_0 = 1\ dm^3/s$.
D'autre part, $Q_{30}^2 = K_3.N_{30}$, d'où $N_{30} = 4$ dm. De même, $Q_{20}^2 = K_2.N_{20}$ et $N_{20} = 2{,}5$ dm, et $Q_{10}^2 = K_1\ (N_{10}-N_{20})$ d'où $N_{10} = 5$ dm.

b) On pose $Q = Q_0 + q$ et de même

$$Q_1 = Q_{10} + q_1 \qquad N_1 = N_{10} + n_1$$
$$Q_2 = Q_{20} + q_2 \qquad N_2 = N_{20} + n_2$$
$$Q_3 = Q_{30} + q_3 \qquad N_3 = N_{30} + n_3$$

Alors la relation $Q_1^2 = K_1(N_1-N_2)$ devient :

$$Q_{10}^2 + 2q_1\ Q_{10} + q_1^2 = K_1(N_{10}-N_{20}) + K_1(n_1-n_2)$$

En simplifiant par l'équation obtenue en régime permanent $Q_{10}^2 = K_1(N_{10}-N_{20})$ et en ne conservant que les termes du premier ordre, cette relation devient :

$$(1) \qquad q_1 = \frac{K_1}{2Q_{10}}\ (n_1-n_2)$$

et de même
$$(2) \qquad q_2 = \frac{K_2}{2Q_{20}} . n_2 \qquad \text{et} \qquad (3) \qquad q_3 = \frac{K_3}{2Q_{30}} . n_3$$

Ces relations expriment les variations des débits qui traversent les restrictions. Mais, d'autre part, la variation de niveau dans un bac résulte de la différence des débits entrant et sortant :

$$S_1 . \frac{dN_1}{dt} = Q - Q_1 \qquad \text{donc} \qquad S_1\ \frac{d}{dt}(N_{10}+n_1) = Q_0 + q - Q_{10} - q_1$$

d'où (4)
$$S_1\ \frac{dn_1}{dt} = q - q_1$$

De même (5) $S_2 \frac{dn_2}{dt} = q_1 - q_2$ et (6) $S_3 \frac{dn_3}{dt} = q_2 - q_3$

Alors, après transformation de Laplace,

de (4) et (1) $$(p\,S_1 + \frac{1}{A_1})\,n_1(p) = q(p) + \frac{1}{A_1}.n_2(p) \quad (7)$$

de (5),(1),(2) $$(p\,S_2 + \frac{1}{A_1} + \frac{1}{A_2})\,n_2(p) = \frac{1}{A_1}.n_1(p) \quad (8)$$

en posant $A_1 = \frac{2Q_{10}}{K_1}$ et $A_2 = \frac{2Q_{20}}{K_2}$

De (7) et (8) $$\boxed{\frac{n_2(p)}{q(p)} = \frac{A_2}{1 + p(S_1A_2 + S_2A_2 + S_1A_1) + p^2.S_1A_1S_2A_2}}$$

c) Application numérique $A_1 = A_2 = 5$. D'où :

$$\frac{n_2(p)}{q(p)} = \frac{5}{1 + 35p + 150p^2} = \boxed{\frac{5}{(1+5p)(1+30p)}}$$

d) En procédant de même, on obtient :

$$\frac{n_3(p)}{q(p)} = \frac{A_3}{[1 + p(S_1A_2 + S_2A_2 + S_1A_1) + p^2.S_1A_1S_2A_2]\,[1 + p\,S_3A_3]}$$

Après application numérique :

$$\boxed{\frac{n_3(p)}{q(p)} = \frac{8}{(1+5p)(1+30p)(1+20p)}}$$

<> <> <> <> <>

1.1.2 REGULATEUR PNEUMATIQUE

Par construction, un régulateur pneumatique PID est un processus qui délivre, en sortie, une pression d'air P_s *qui dépend de deux pressions d'entrée* P_m *et* P_c *selon la fonction de transfert.*

$$\frac{P_s(p)}{P_m(p) - P_c(p)} = K\,(1 + \frac{1}{pT_i} + pT_d)$$

On demande d'établir cette fonction de transfert dans le cas du régulateur présenté sur la figure.

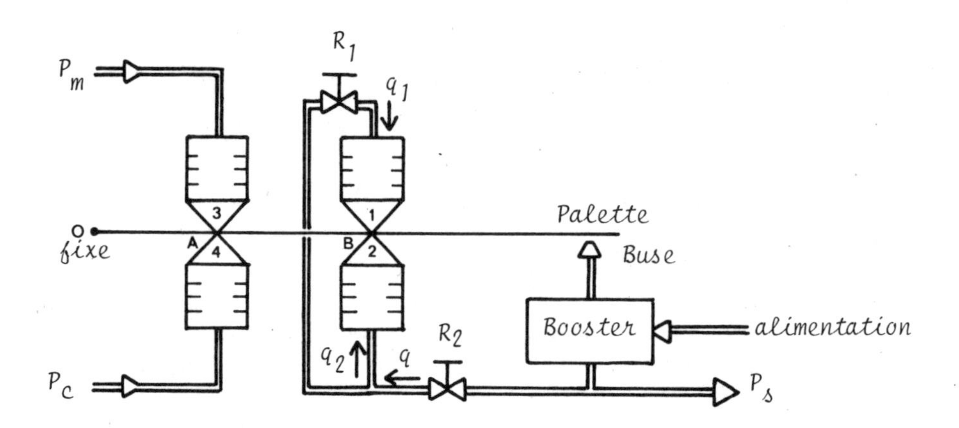

On posera OA = L_1 et OB = L_2. Les soufflets (1) et (2) sont identiques (surface S_2, capacité C), les soufflets (3) et (4) sont identiques (surface S_1).

On notera R_1 et R_2 les coefficients de débit des deux restrictions, définis par $\Delta P = R.q$ où q est le débit d'air qui traverse la restriction et ΔP la différence de pression à ses bornes.

* * * * *

L'équilibre des forces sur la palette s'écrit :

$$(P_m - P_c)\, L_1.S_1 + (P_1 - P_2)\, L_2.S_2 = 0$$

Pour exprimer la fonction de transfert recherchée, il faut exprimer $P_1 - P_2$ en fonction de P_s.

Or $P_1 - P_2 = R_1\, q_1$ et $q_1 = C.\frac{dP_1}{dt}$ d'où $P_1(p) = \frac{P_2(p)}{1+R_1C.p}$

D'autre part :

$$P_s - P_2 = R_2.q = R_2(q_1 + q_2) \text{ avec } q_2 = C\,\frac{dP_2}{dt}$$

donc :

$$P_s(p) - P_2(p) = R_2\left[\frac{C.p}{1+R_1C.p} + C.p\right] P_2(p)$$

d'où :

$$\frac{P_2(p)}{P_s(p)} = \frac{1 + R_1C.p}{1 + R_1C.p + 2R_2C.p + R_1R_2C^2.p^2}$$

et

$$P_2(p) - P_1(p) = \frac{R_1C.p}{1 + p(R_1C + 2R_2C) + R_1R_2C^2.p^2} . P_s(p)$$

D'où la fonction de transfert du régulateur :

$$\frac{P_s(p)}{P_m(p) - P_c(p)} = \frac{L_1S_1}{L_2S_2}\,\frac{R_1C+2R_2C}{R_1C}\left[1 + \frac{1}{p(R_1C + 2R_2C)} + p\,\frac{R_1R_2C^2}{R_1C + 2R_2C}\right]$$

<> <> <> <> <>

1.1.3 ASSERVISSEMENT HYDRAULIQUE

L'asservissement électrohydraulique de position présenté sur la figure comprend un amplificateur électrique de gain K_A, une servo-valve électrohydraulique (SV) de gain en débit K_{SV}, un vérin symétrique de surface utile A (le volume de chaque chambre étant V_o) entraînant une masse m, enfin un capteur de déplacement électrique qui délivre une tension v_d proportionnelle au déplacement y du vérin avec un gain K_d. Le but de cet asservissement est de contraindre v_d à suivre une tension de référence v_r. On notera B le module de compressibilité de l'huile.

a) Etablir le diagramme fonctionnel du système et en déduire la fonction de transfert $y(p)/v_r(p)$.

b) L'asservissement est complété par une seconde boucle de contre-réaction de pression, constituée d'un capteur qui délivre une tension v_c égale à $K_c(p_1-p_2)$, et cette tension est retranchée du signal d'écart e. Etablir le nouveau diagramme fonctionnel et la nouvelle fonction de transfert $y(p)/v_r(p)$.

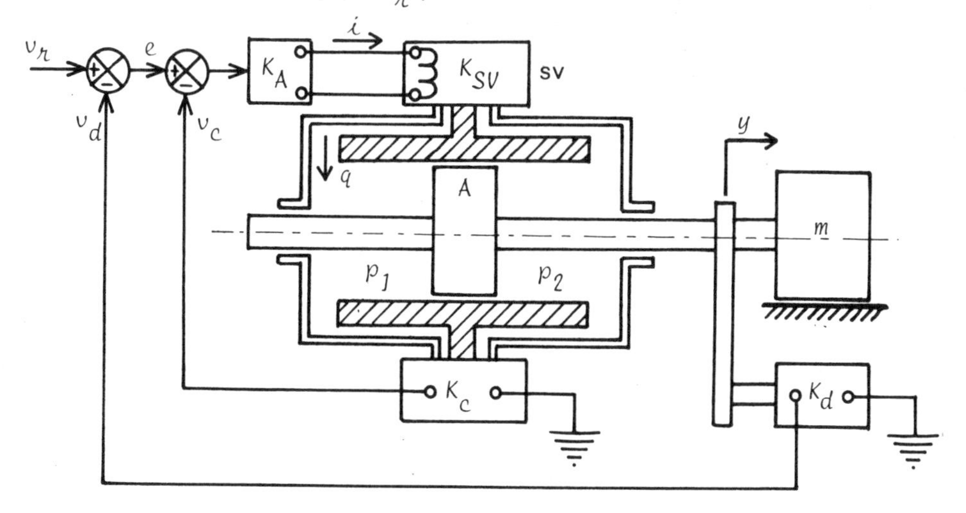

a) Equations électriques (sans contre-réaction de pression)

$$e = v_r - v_d \,, \quad (1) \quad i = K_A . e \quad \text{et} \quad v_d = K_d . y$$

Equation de débit $\quad q = A.\frac{dy}{dt} + \frac{V_o}{2B}\left[\frac{dp_1}{dt} - \frac{dp_2}{dt}\right] = K_{SV}.i$

Equation des forces $\quad A(p_1 - p_2) = m \cdot \frac{d^2y}{dt^2}$

Le diagramme fonctionnel qui en résulte est le suivant :

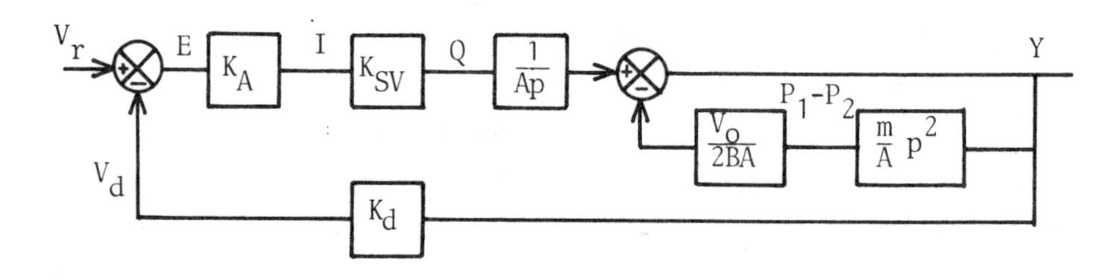

(sont notées en majuscules les transformées de Laplace des variables notées en minuscules)

D'où :

$$\boxed{\frac{Y}{V_r} = \frac{K_{SV} K_A}{K_{SV} K_A K_d + A.p + \frac{V_o m}{2BA} \cdot p^3}}$$

b) Avec contre-réaction en pression, l'équation électrique (1) devient $i = K_A(e - v_c)$ avec $v_c = K_c(p_1 - p_2)$.

D'où le nouveau diagramme fonctionnel :

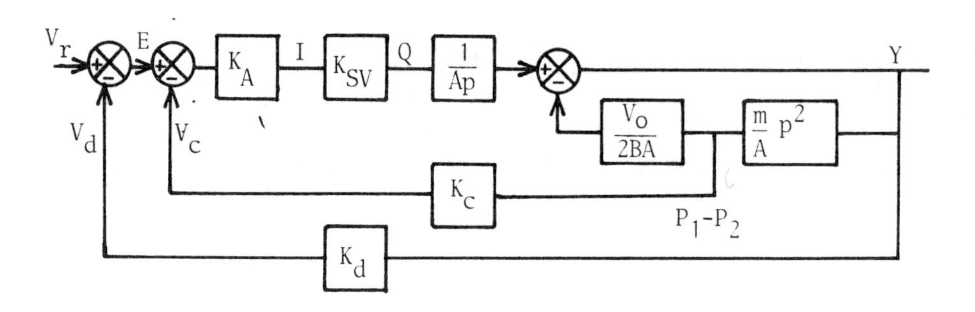

et la fonction de transfert devient :

$$\frac{Y}{V_r} = \frac{K_{SV}\,K_A}{K_{SV}\,K_A\,K_d + A.p + \dfrac{K_{SV}K_A\,K_c\;m}{A}\,.\,p^2 + \dfrac{V_o m}{2BA}\,.\,p^3}$$

<> <> <> <> <>

1.1.4 ETUDE D'UN ASSERVISSEMENT DE POSITION

Le système ci-dessous est un asservissement de position angulaire. La sortie de ce système est l'angle θ_u ; il est mesuré par un potentiomètre P_u entraîné par un arbre mené. L'entrée du système est l'angle de consigne θ_c affiché par un potentiomètre P_c. L'écart des tensions délivrées par les deux potentiomètres P_u et P_c est amplifié pour alimenter le moteur à courant continu. Le moteur entraîne donc l'arbre mené jusqu'à ce que la tension qui l'alimente soit nulle, c'est-à-dire jusqu'à ce que θ_u soit égal à θ_c.

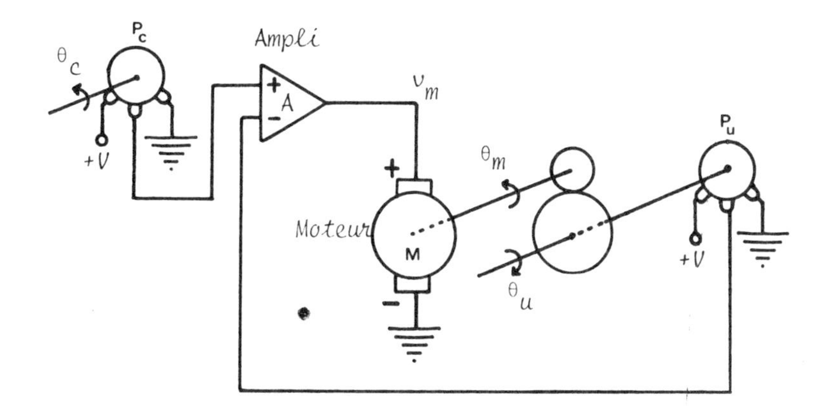

Les différents organes ont les caractéristiques suivantes :

- Les potentiomètres P_u et P_c sont du type "à 1 tour, linéaire" et ils sont alimentés sous la tension V = 10 volts.

- L'amplificateur est de gain A réglable, sa bande passante est infinie, et ses impédances d'entrée et sortie sont respectivement infinie et nulle.

- Le moteur M est alimenté par l'induit, le courant inducteur est constant. L'induit a pour résistance R = 500 Ω, son inductance est

négligeable. La constante de force électro-motrice du moteur $K_e = 0,4$ V/rd/s et sa constante de couple $K_c = 0,4$ N.m/A. L'inertie totale de l'arbre moteur est de $I_m = 5.10^{-6}$ kg.m^2, les frottements sont supposés négligeables.

- *Le réducteur a pour rapport $N = r_u/r_m = 20$.*
- *L'inertie de l'ensemble entraîné par l'arbre mené est de $I_u = 14.10^{-3}$ kg.m^2, et les frottements sont de $f_u = 32.10^{-3}$ N.m/rd/s.*

a) Etablir le diagramme fonctionnel du système et montrer que la fonction de transfert $\theta_u(p)/\theta_c(p)$ de l'ensemble est du deuxième ordre. Quels en sont l'amortissement et la pulsation propre ?

b) Calculer le gain A de l'ampli pour qu'en régime harmonique la surtension du système bouclé soit de $M_p = 2,3$ db. En déduire alors la pulsation de résonance ω_r, ainsi que la pulsation de coupure à - 3 db : ω_c.

c) Avec la valeur de A précédente, déterminer les caractéristiques de la réponse indicielle, c'est-à-dire l'instant et l'amplitude du premier dépassement.

* * * * *

a) $$\frac{\theta_m}{V_m} = \frac{K_m}{1+pT} \quad \text{avec} \quad K_m = \frac{K_c}{K_cK_e + Rf} \qquad T = \frac{IR}{K_cK_e + Rf}$$

et avec : $$I = I_m + \frac{I_u}{N^2} \quad \text{et} \quad f = f_m + \frac{f_u}{N^2}$$

D'où le diagramme fonctionnel, après application numérique :

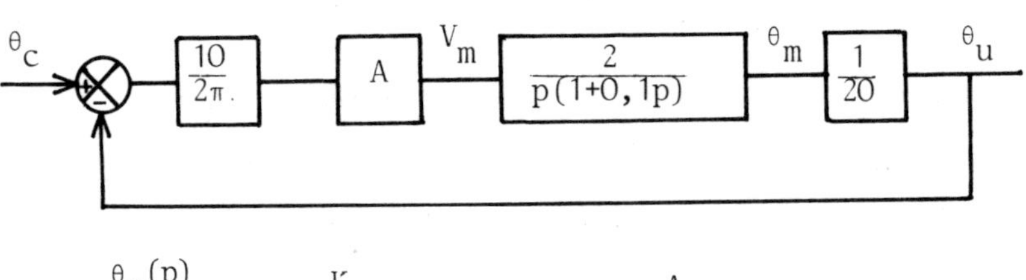

D'où $$\frac{\theta_u(p)}{\theta_c(p)} = \frac{K}{K + p + p^2.T} \quad \text{avec} \quad K = \frac{A}{2\pi} \text{ et } T = 0,1$$

donc de la forme $\dfrac{\omega_n^2}{\omega_n^2 + 2\zeta\omega_n.p + p^2}$ avec $\zeta = \dfrac{1}{2\sqrt{KT}}$ et $\omega_n = \sqrt{\dfrac{K}{T}}$

b) Le coefficient de surtension d'un processus du deuxième ordre dépend de ζ par la relation :

$$M_p = \frac{1}{2\zeta\sqrt{1-\zeta^2}}$$

Donc M_p = 2,3 db # 1,3 donne $\zeta = 0{,}43$.

D'où $K = \dfrac{1}{4T\zeta^2} = 13{,}52$ et $\boxed{A = 85}$

La pulsation propre est alors égale à $\omega_n = 11{,}63$ rd/s.

Donc $\omega_r = \omega_n\sqrt{1-2\zeta^2} = 9{,}07$ rd/s

et $\omega_c = \omega_n\sqrt{1-2\zeta^2 + \sqrt{2-4\zeta^2 + 4\zeta^4}} = 15{,}58$ rd/s

c) Instant de premier dépassement :

$$t_p = \frac{\pi}{\omega_n\sqrt{1-\zeta^2}} \qquad \boxed{t_p = 0{,}3 \text{ s}}$$

Amplitude du premier dépassement :

$$X_1 = e^{-\frac{\pi}{tg\psi}} \quad \text{avec} \quad tg\psi = \frac{\sqrt{1-\zeta^2}}{\zeta}$$

$$\boxed{X_1 = 22\ \%}$$

<> <> <> <> <>

1.1.5 ETUDE DU VOL SYMETRIQUE D'UN AVION AU VOISINAGE DU VOL HORIZONTAL

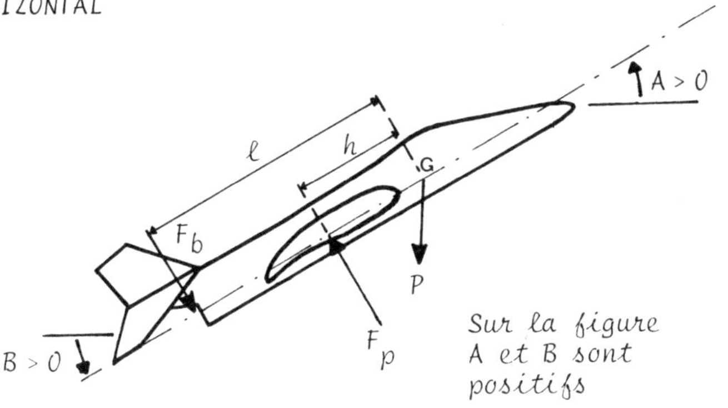

On schématise sur la figure un avion ainsi que les forces auxquelles il est soumis au cours d'un vol : A représente l'assiette de l'avion (angle que fait son axe avec l'horizontale) et sera considéré comme la grandeur de sortie. La grandeur d'entrée sera B, angle de braquage du gouvernail de profondeur qui commande la manoeuvre. On introduit, enfin, une variable supplémentaire I, angle d'incidence, c'est-à-dire angle que fait la direction de l'avion avec la direction de la vitesse $\vec{V}$ (V = constante).

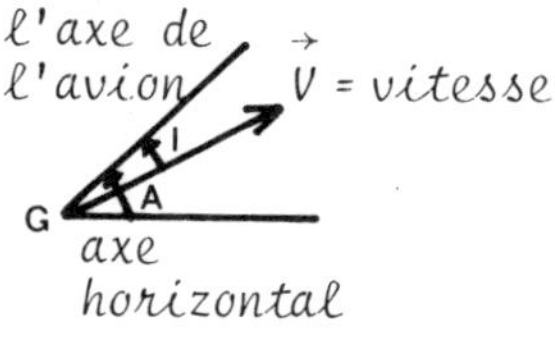

Les composantes des forces aérodynamiques sont en première approximation de la forme $F_p = I.K_i$ pour la force de portance due à l'incidence et $F_b = B.K_b$ pour la force due au braquage du gouvernail. K_i et K_b sont des coefficients constants (F_p et F_b sont positives comme représentées sur la figure). On notera m la masse de l'avion et J son inertie par rapport à l'axe de tangage (perpendiculaire au plan de la figure passant par G).

a) En supposant I, A et B assez petits pour pouvoir remplacer leurs valeurs trigonométriques par leur approximation au premier ordre et en désignant par w la vitesse verticale de l'avion, déterminer l'équation des forces suivant la verticale, l'équation des moments par rapport à l'axe de tangage (on tiendra compte du couple d'amortissement aérodynamique de la forme $M \frac{dA}{dt}$ où M est un coefficient constant), ainsi que la relation qui relie les angles I et A.

b) Que deviennent ces équations à l'équilibre (vol horizontal) ?

c) En désignant par i, a et b les variations de ces variables par rapport à leur valeur à l'équilibre, écrire le système des 3 équations en transformée de Laplace.

d) Traduire ces relations sous forme de diagramme fonctionnel, puis, par l'algèbre des diagrammes, montrer que la fonction de transfert a(p)/b(p) peut s'écrire :

$$\frac{a(p)}{b(p)} = \frac{K}{p} \cdot \frac{1 + p\tau}{1 + \frac{2\zeta}{\omega_n} \cdot p + \frac{p^2}{\omega_n^2}}$$

Quelles sont les expressions de ω_n^2 et de $2\zeta/\omega_n$?

a) Equations du mouvement :

Equations des forces suivant la verticale :

$$m \frac{dw}{dt} = F_p \cos A - F_b \cos A - P$$

Equation des moments par rapport à l'axe passant par G :

$$J \frac{d^2A}{dt} = - M \frac{dA}{dt} + \ell F_b - h F_p$$

Relation angulaire $\sin (A - I) = \frac{w}{V}$

Si l'on suppose les angles I, A, B assez petits, on pourra se contenter des approximations au 1er ordre :

$$\cos A = 1$$

$$\sin (A - I) = A - I$$

Comme $F_p = I.K_i$ et $F_b = B.K_b$, les trois premières équations deviennent :

$$\begin{cases} m \frac{dw}{dt} = I.K_i - B.K_b - P \\ J \frac{d^2A}{dt^2} + M \frac{dA}{dt} = \ell.B.K_b - h.I.K_i \\ A - I = \frac{w}{V} \end{cases}$$

b) Equations à l'équilibre :

En vol horizontal, la direction de la vitesse est horizontale, donc :

$$w = \frac{dw}{dt} = 0$$

Notons A_o, B_o, I_o les valeurs d'équilibre des angles A, B, I.

$$\begin{cases} 0 = I_o.K_i - B_o.K_b - P \\ 0 = \ell.B_o.K_b - h.I_o.K_i \\ A_o - I_o = 0 \end{cases}$$

En effet, $A = A_o$ = constante, donc $\frac{dA}{dt} = \frac{d^2A}{dt^2} = 0$.

c) Transformation de Laplace

Retranchons membre à membre les équations respectives des systèmes a) et b) :

$$\begin{cases} m \frac{dw}{dt} = (I - I_o)\, K_i - (B - B_o)\, K_b \\ J \frac{d^2A}{dt^2} + M \frac{dA}{dt} = \ell (B - B_o)\, K_b - h\, (I - I_o)\, K_i \\ (A - A_o) - (I - I_o) = \frac{w}{V} \end{cases}$$

d'où :

$$\begin{cases} m \frac{dw}{dt} = i.K_i - b.K_b \\ J \frac{d^2a}{dt^2} + M \frac{da}{dt} = \ell.b.K_b - h.i.K_i \\ a - i = \frac{w}{V} \end{cases}$$

A t = 0, l'avion part des conditions initiales $\frac{dw}{dt} = a = \frac{da}{dt} = 0$.
On peut donc écrire le système des 3 équations en transformée de Laplace :

$$\boxed{\begin{cases} m\, p\, w(p) = K_i.i(p) - K_b.b(p) \\ (J\, p^2 + M\, p)\, a(p) = \ell.K_b.b(p) - h.K_i.i(p) \\ a(p) - i(p) = \frac{v(p)}{V} \end{cases}}$$

d) Diagramme fonctionnel :

Ecrivons le système sous la forme :

$$\begin{cases} w = \frac{K_i}{mp}\, i - \frac{K_b}{mp}\, b \\ i = - \frac{Jp^2 + Mp}{hK_i}\, a + \frac{\ell K_b}{hK_i}\, b \\ a = \frac{w}{V} + i \end{cases}$$

L'entrée du système étant b et la sortie a, nous pouvons traduire les relations précédentes par le diagramme fonctionnel suivant :

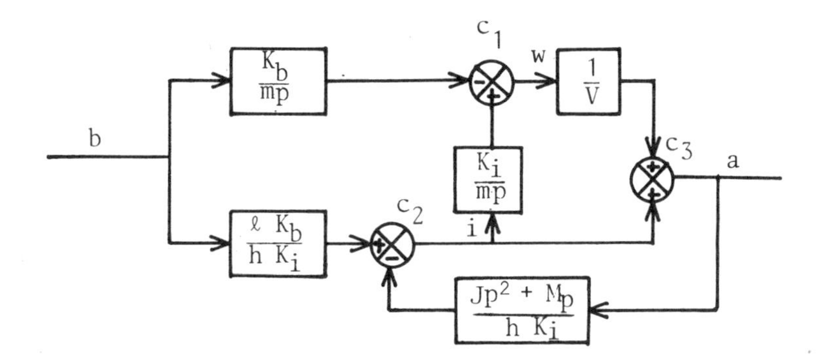

Réduction par l'algèbre des diagrammes :

Déplaçons tout d'abord le bloc $\boxed{\frac{1}{V}}$ en amont du comparateur c_1 :

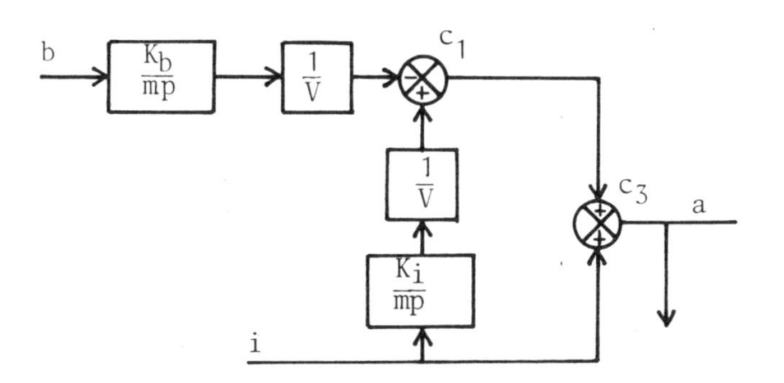

Le comparateur c_1 et le sommateur c_3 se trouvant en cascade, nous pouvons les remplacer par le seul comparateur c_1. Nous obtenons ainsi le diagramme suivant :

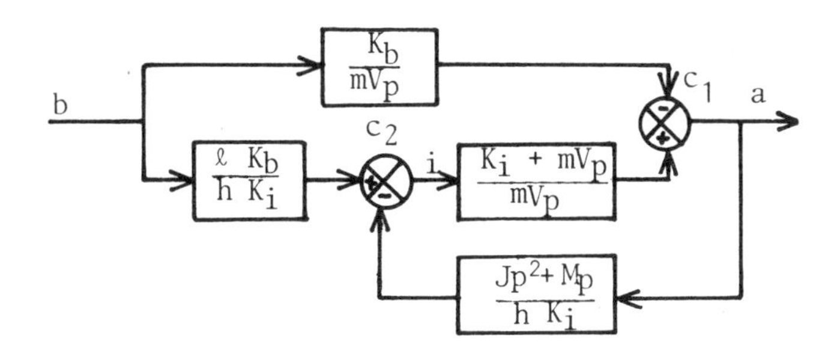

Déplaçons maintenant le bloc $\boxed{\dfrac{K_i + mVp}{mVp}}$ en amont de c_2 :

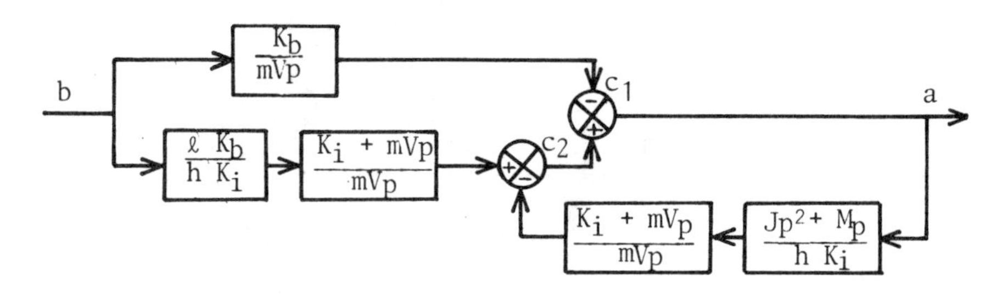

Les comparateurs c_1 et c_2 étant en cascade, le diagramme se simplifie :

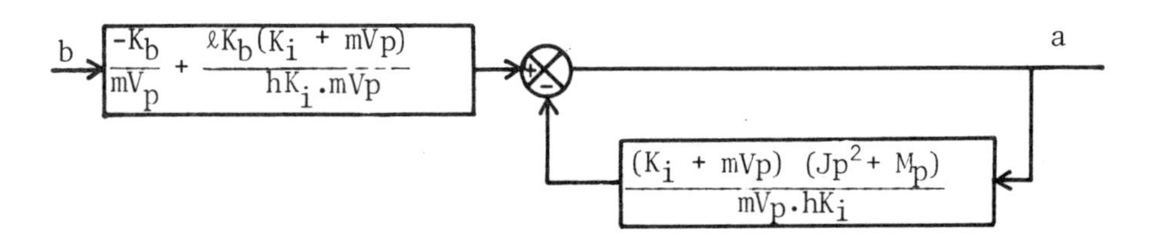

La partie de droite est une transmittance unité bouclée ; d'où le diagramme final :

$$b \longrightarrow \boxed{\frac{K_b K_i(\ell-h) + \ell K_b\ mV.p}{p\ [(m\ V\ h + M)\ K_i + (JK_i + m\ M\ V).p + J\ m\ V.p^2]}} \longrightarrow a$$

La transmittance $\frac{a(p)}{b(p)}$ peut donc se mettre sous la forme :

$$\frac{a(p)}{b(p)} = \frac{K}{p}\ \frac{1 + \tau p}{1 + \frac{2\zeta}{\omega_n} p + \frac{p^2}{\omega_n^2}} \qquad \text{avec :} \qquad K = \frac{K_b(\ell-h)}{m V h + M}$$

$$\tau = \frac{\ell\, m V}{K_i(\ell-h)}$$

$$\omega_n^2 = \frac{(m V h + M)\ K_i}{J m V}$$

$$\frac{2\zeta}{\omega_n} = \frac{J K_i + m M V}{(m V h + M)\ K_i}$$

<> <> <> <> <>

1.1.6 FILTRE ELECTRIQUE

a) Mettre en équation le système suivant :

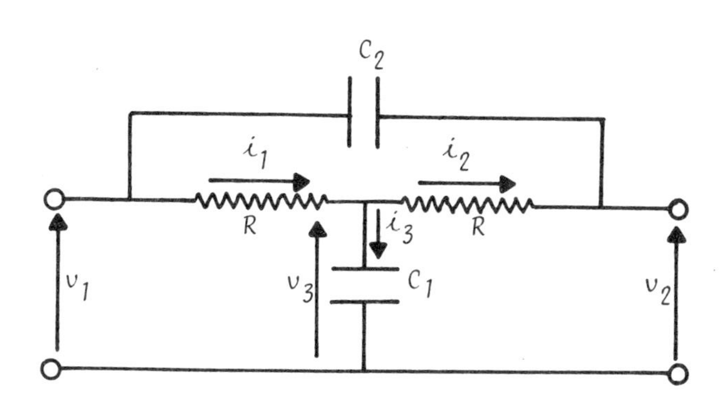

On suppose que l'impédance de la source v_1 est nulle et que celle de la charge branchée à la sortie du filtre est infinie.

b) Appliquer la transformée de Laplace à ces équations en supposant la charge des condensateurs nulle pour $t = 0$, et établir le diagramme fonctionnel du filtre.

c) En utilisant l'algèbre des diagrammes, montrer que la fonction de transfert du filtre s'écrit :

$$\frac{V_2(p)}{V_1(p)} = \frac{1 + 2RC_2p + R^2C_1C_2p^2}{1 + RC_1p + 2RC_2p + R^2C_1C_2p^2}$$

d) Déterminer la pulsation naturelle ω_n et les amortissements ζ_N et ζ_D du numérateur et du dénominateur de cette fonction de transfert.

e) Montrer que le lieu de Nyquist est un cercle. En déduire l'atténuation et le déphasage maximum du filtre en fonction de ζ_N et ζ_D.

f) Tracer dans le plan de Bode les courbes de gain et de phase en fonction de la pulsation réduite ω/ω_n avec $\zeta_N = 0,05$ et $\zeta_D = 0,8$.

g) Quel est le domaine des fréquences pour lequel l'atténuation est supérieure à 20 db.

* * * * *

a) $v_1 - v_3 = R\, i_1$ $\qquad v_3 - v_2 = R\, i_2$

$$i_2 = C_2 \frac{d(v_2 - v_1)}{dt} \qquad i_3 = C_3 \frac{dv_3}{dt} \qquad i_1 = i_2 + i_3$$

b)

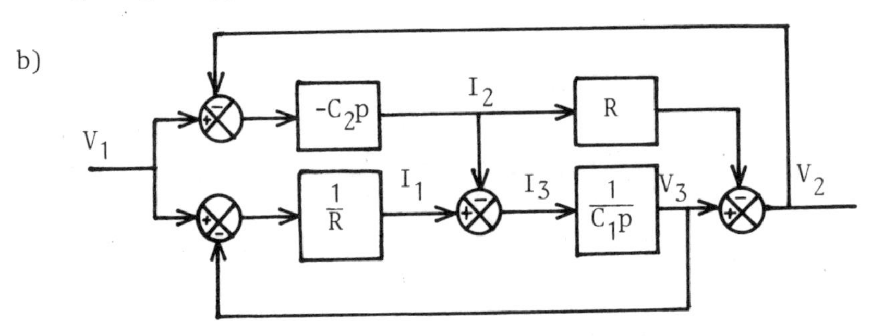

c) $$\frac{V_2(p)}{V_1(p)} = \frac{1 + 2RC_2p + R^2C_1C_2p^2}{1 + R(C_1+2C_2)p + R^2C_1C_2p^2} = H(p)$$

d) $$H(p) = \frac{1 + 2\,\zeta_N \frac{p}{\omega_n} + (\frac{p}{\omega_n})^2}{1 + 2\,\zeta_D \frac{p}{\omega_n} + (\frac{p}{\omega_n})^2}$$

$$\omega_n = \frac{1}{R\sqrt{C_1C_2}}\ , \quad \zeta_N = \sqrt{\frac{C_2}{C_1}}, \quad \zeta_D = \sqrt{\frac{C_2}{C_1}} + \frac{1}{2}\sqrt{\frac{C_1}{C_2}}$$

e)

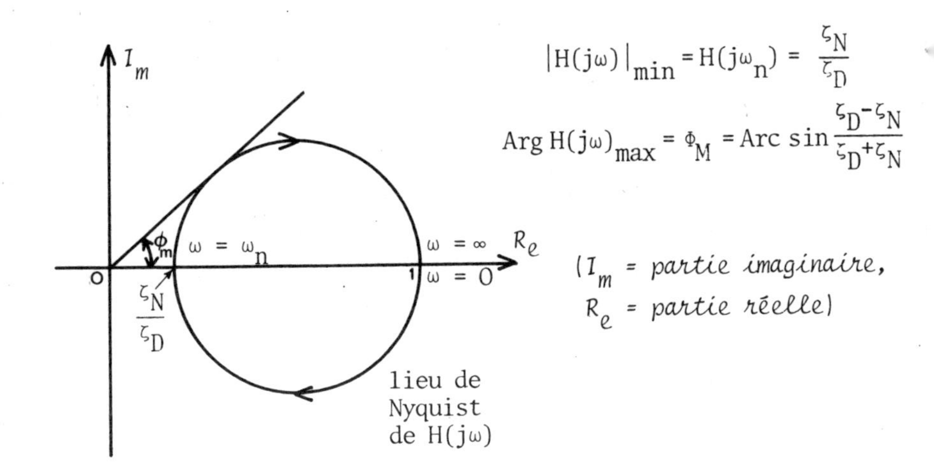

$$|H(j\omega)|_{min} = H(j\omega_n) = \frac{\zeta_N}{\zeta_D}$$

$$\text{Arg}\, H(j\omega)_{max} = \Phi_M = \text{Arc}\sin\frac{\zeta_D - \zeta_N}{\zeta_D + \zeta_N}$$

(I_m = *partie imaginaire*,
R_e = *partie réelle*)

f) Courbe de gain dans le plan de Bode.

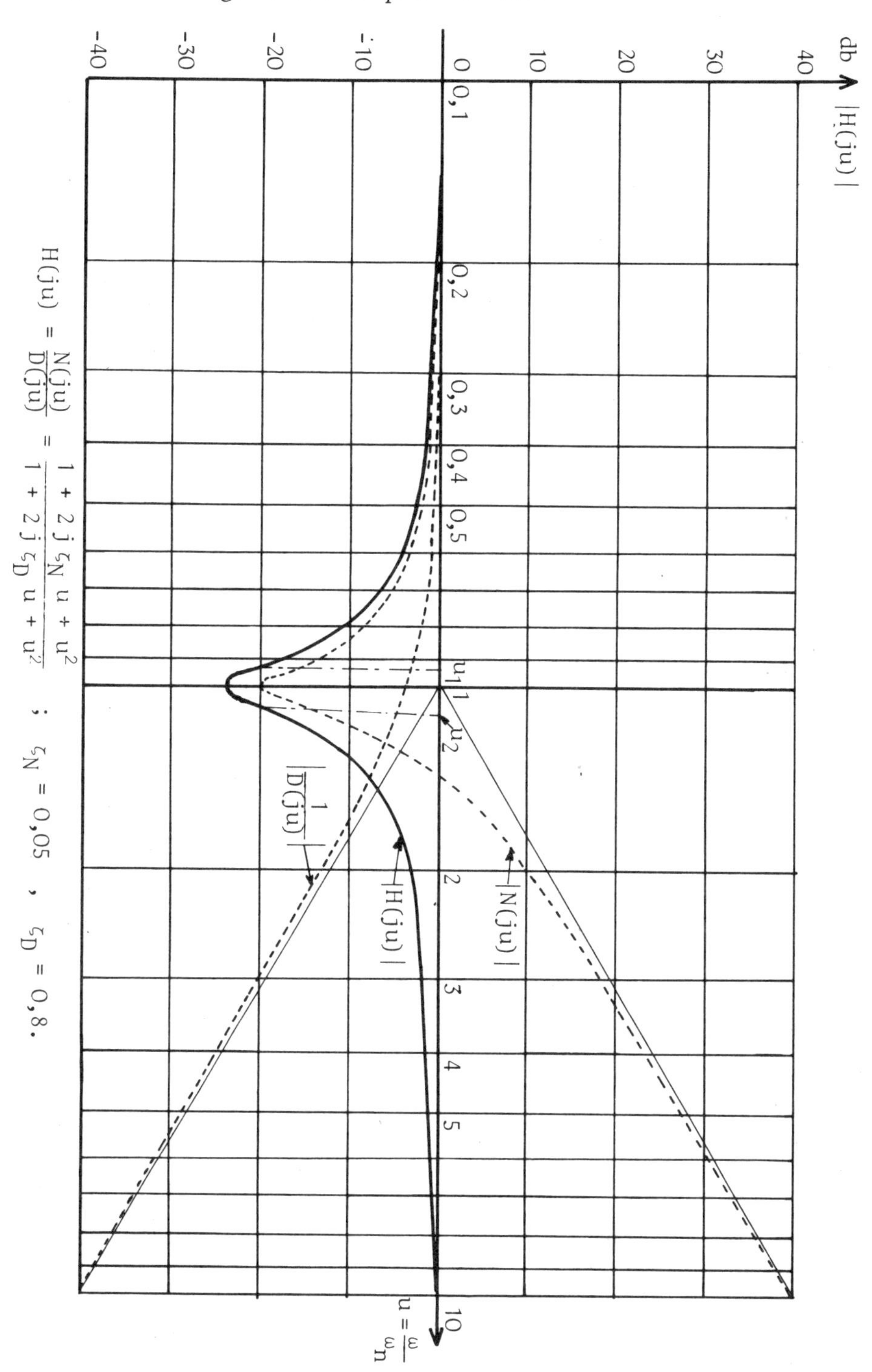

Courbe de phase dans le plan de Bode.

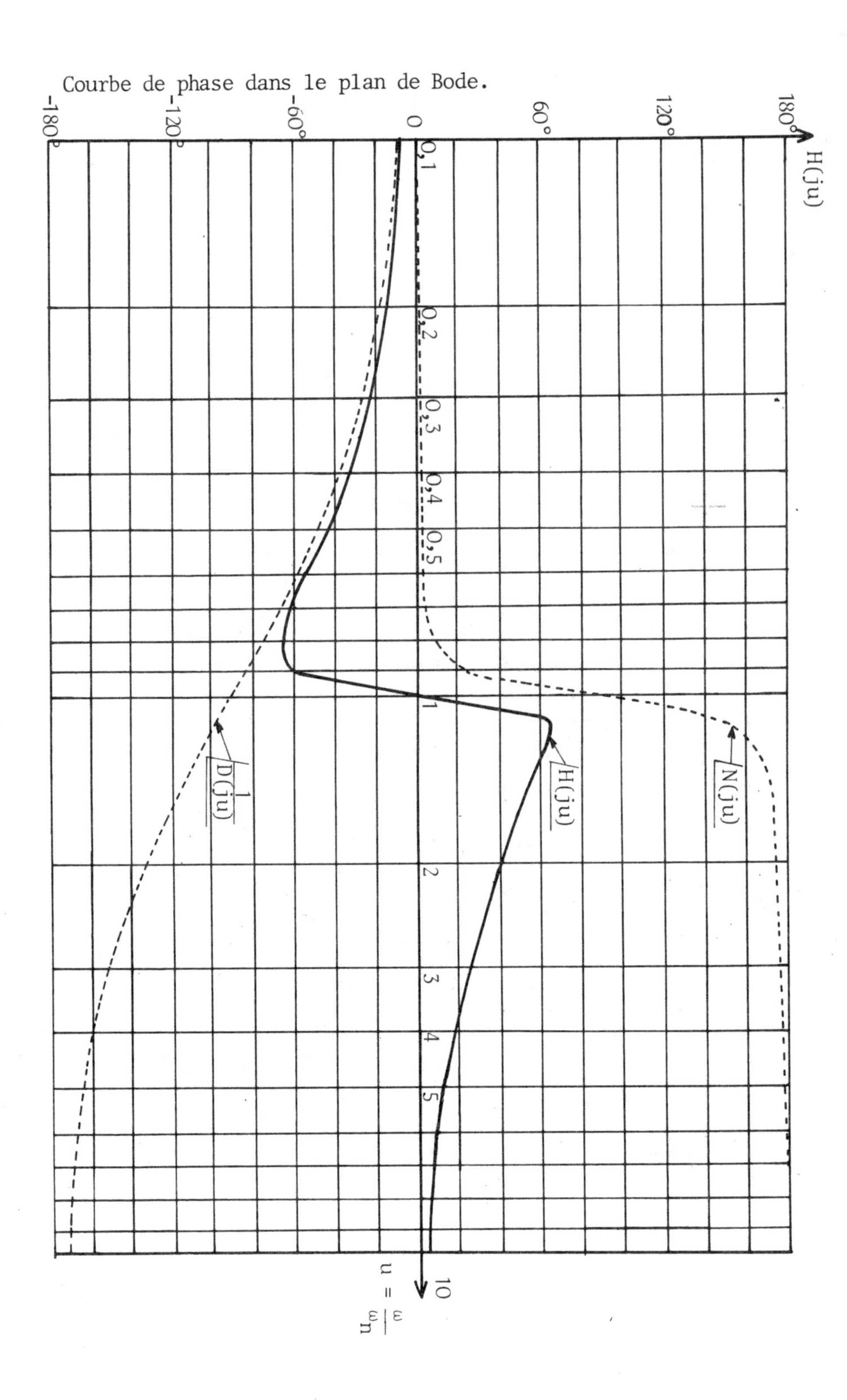

g) Atténuation supérieure à 20 db pour $u_1 < \frac{2\pi f}{\omega_n} < u_2$, donc u_1 # 0,92 et u_2 # 1,08.

<> <> <> <> <>

1.2 SYSTÈMES EN BOUCLE OUVERTE ET EN BOUCLE FERMÉE - RÉGLAGE DU GAIN - LIEU D'EVANS

1.2.1 *Un asservissement est réalisé suivant le schéma ci-dessous :*

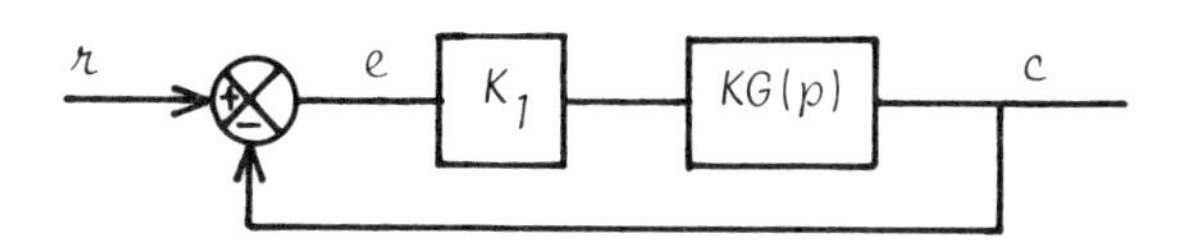

avec $KG(p) = \frac{12,4}{p(1+1,4p)}$.

a) Exprimer la fonction de transfert en boucle fermée H(p) sous sa forme canonique. Quelle doit être la valeur de K_1 *pour que la réponse harmonique du système bouclé présente une surtension* $M_p = 1,75$. *Quelle est alors la pulsation de résonance ?*

b) Tracer KG(p) dans le plan de Black. En utilisant l'abaque de Nichols, retrouver la valeur de K_1 *nécessaire pour que* $M_p = 1,75$. *Retrouver la valeur de la pulsation de résonance.*

c) Le gain K_1 *étant fixé à la valeur précédente, on soumet le système à une entrée r(t) en échelon unitaire. Quelle sera la valeur finale de l'écart e(t) ? Quel est le dépassement de la réponse indicielle ? Quel est l'instant du premier dépassement ?*

* * * * *

a) $$H(p) = \frac{K_1 KG(p)}{1 + K_1 KG(p)} = \frac{12,4\ K_1}{12,4\ K_1 + p + 1,4\ p^2}$$

H(p) est donc de la forme $\frac{\omega_n^2}{p^2 + 2\zeta\omega_n . p + \omega_n^2}$, avec :

$$2\zeta\omega_n = 0,715 \quad \text{et} \quad \omega_n^2 = 8,86\ K_1$$

Pour une fonction de transfert du deuxième ordre, la valeur de la surtension M_p est liée à celle de ζ par l'expression :

$$M_p = \frac{1}{2\zeta\sqrt{1-\zeta^2}}, \quad \text{donc si } M_p = 1,75, \text{ alors } \zeta \simeq 0,3$$

De $2\zeta\omega_n = 0,715$, on déduit donc $\omega_n = 1,19$ rd/s, puis $K_1 = \frac{\omega_n^2}{8,86} = 0,16$

$$\boxed{K_1 = 0,16}$$

La pulsation de résonance d'un système du deuxième ordre est égale à $\omega_r = \omega_n\sqrt{1-2\zeta^2}$. D'où : $\boxed{\omega_r = 1,08 \text{ rd/s}}$

b)

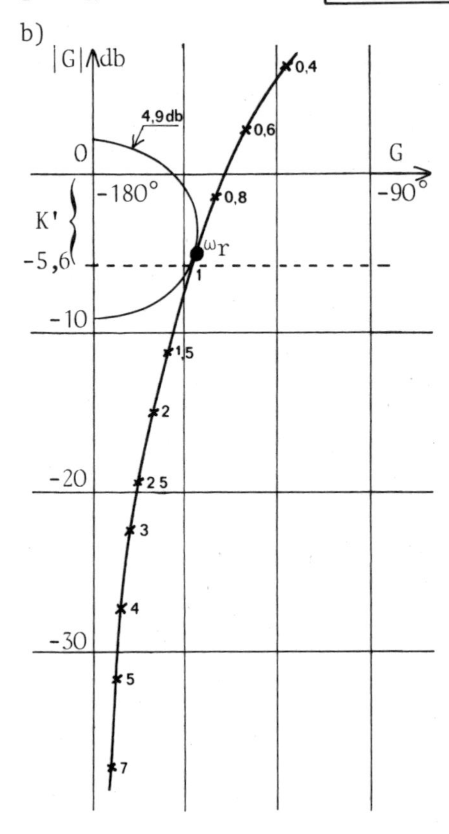

Pour faire tangenter le lieu de KG(p) au contour $M_p = 1,75 = 4,9$ db de l'abaque de Nichols, il faut adopter K' = 5,6 db = 1,9, où K' est le gain statique de la fonction de transfert en boucle ouverte.

Donc $K' = K_1 K = 12,4\, K_1 = 1,9$,

d'où $K_1 \simeq 0,15$ db

Sur le tracé ci-contre, on constate que ω_r est voisin de 1.

c) En boucle fermée :

$$\frac{c(p)}{r(p)} = H(p) \quad \text{donc} \quad e(p) = r(p) - c(p) = [1 - H(p)]\, r(p)$$

avec $$1 - H(p) = \frac{1}{1 + K_1 K G(p)} \quad \text{et} \quad r(p) = \frac{1}{p}$$

$$\text{Donc } e(\infty) = \lim_{p\to 0} [p.e(p)] = \lim_{p\to 0} \left[\frac{1}{1 + \dfrac{K_1 K}{p(1+1,4p)}}\right] = 0$$

Le système en boucle fermée ne présente donc pas d'écart statique. Le dépassement de la réponse indicielle X_1 s'exprime, pour un système du deuxième ordre, par :

$$X_1 = e^{-\frac{\pi}{tg\psi}} \qquad \text{avec} \qquad tg\psi = \frac{\sqrt{1-\zeta^2}}{\zeta}$$

Avec $\zeta = 0,3$, on obtient $\boxed{X_1 = 0,37 = 37\ \%}$

L'instant du premier dépassement répond à :

$$t_p = \frac{\pi}{\omega_n \sqrt{1-\zeta^2}} = \boxed{2,77\ s = t_p}$$

<> <> <> <> <>

1.2.2 Un asservissement est réalisé suivant le schéma ci-dessous où A est un amplificateur de gain réglable

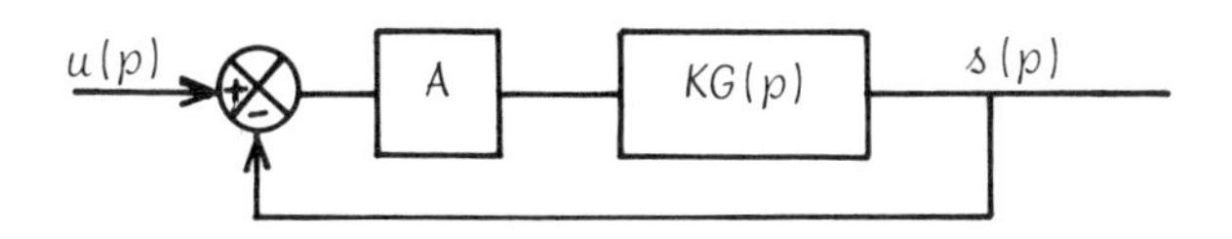

avec $KG(p) = 0,5\ \dfrac{1 + 0,1p}{p(1+2p)}$

a) Tracer les approximations asymptotiques des courbes de gain et de phase de KG(p) dans le plan de Bode.

b) En déduire une approximation du lieu de transfert dans le plan de Black.

c) Pour quelle valeur de A la surtension de la fonction de transfert en boucle fermée sera-t-elle de 1,3 ? Pour déterminer cette valeur avec précision, on construira la partie utile du lieu de transfert exact dans le plan de Black.

Quelles sont la pulsation de résonance et la bande passante à -3 db ?

* * * * *

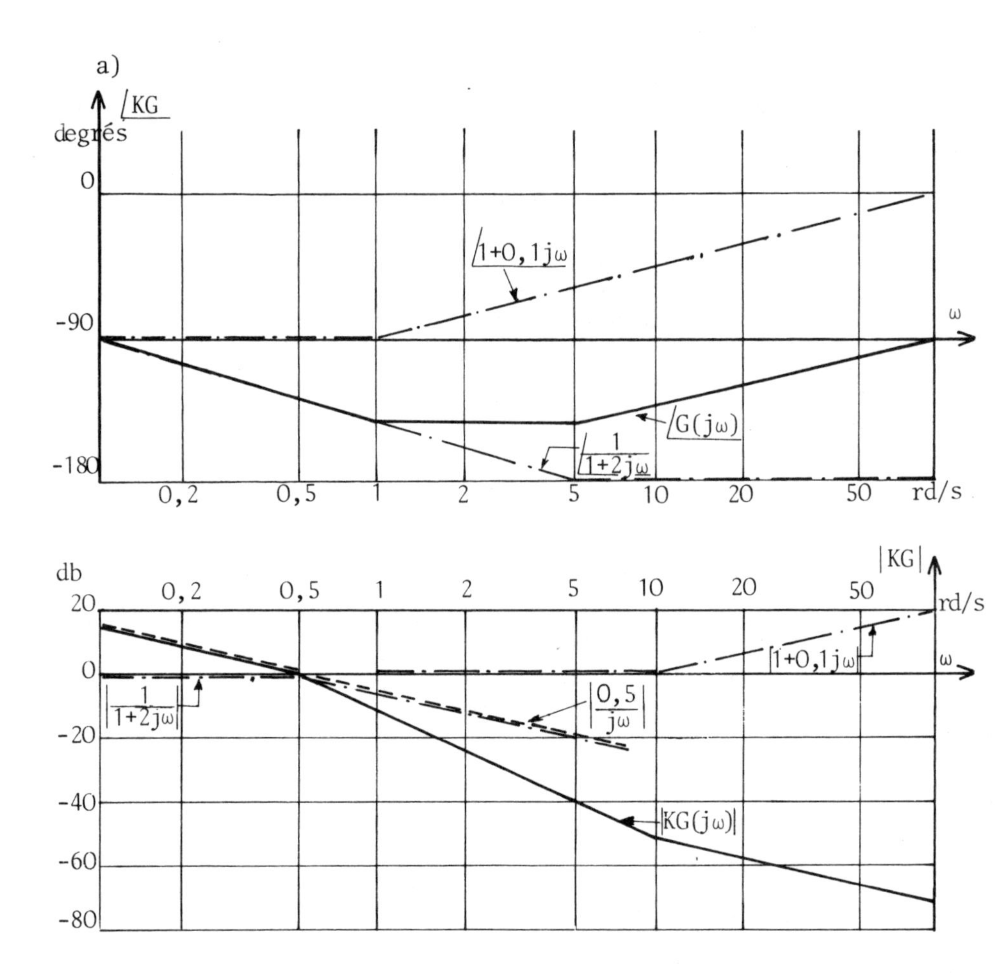

b) La courbe A représente l'approximation asymptotique du lieu en boucle ouverte, la courbe B en représente le tracé exact entre 0,3 et 1 rd/s (voir figure page suivante).

c) M_p = 1,3 = 2,3 db

Il faut déplacer le lieu de 4,3 db pour qu'il tangente le contour 2,3 db de l'abaque de Nichols, donc :

$$A = 4,3 \text{ db} = 1,64$$

Pulsation de résonance (point de contact avec le contour) :

$$\omega_r = 0,53 \text{ rd/s}$$

Bande passante à - 3 db :

$$\omega_b = 0{,}9 \text{ rd/s}$$

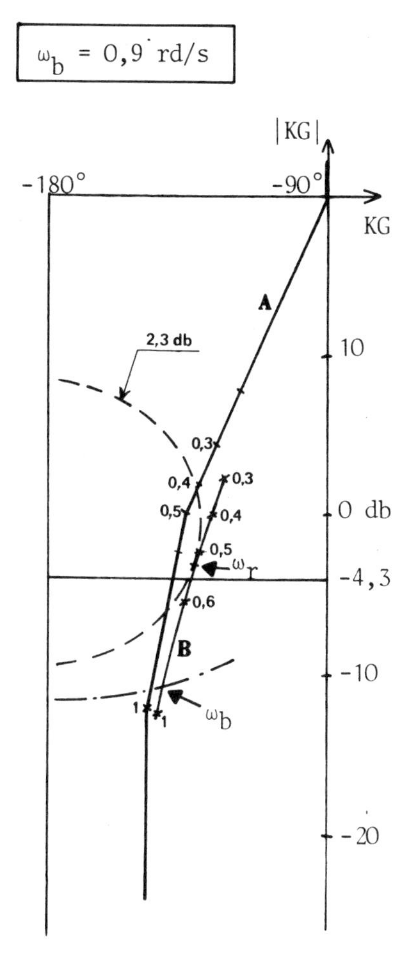

<> <> <> <> <>

1.2.3 APPAREIL A GOUVERNER HYDRAULIQUE

La figure représente un appareil à gouverner destiné à une unité de navigation rapide. L'organe de commande de l'appareil est le volant manié par le pilote ; le volant entraîne un vérin, appelé vérin de commande, par l'intermédiaire d'une crémaillère de rayon R_1. La variation de la position x de ce vérin engendre un débit d'huile q sous une pression p_0 qu'on supposera constante. La combinaison de ce débit q et d'un débit q_r provoque le déplacement (x_t) du tiroir d'une valve. Le débit q_r résulte de la variation de la position z d'un vérin, appe-

lé de contre-réaction, entraîné par la mèche du gouvernail (rayon R_2). Le débit q représente ainsi la consigne d'un asservissement dont la mesure q_r est l'image de la position angulaire θ_s du safran. On supposera que l'huile qui circule dans cette partie de l'appareil est incompressible. Remarque : le débit q_r traverse un orifice laminaire d'amortissement de coefficient C_0 défini par $q_r = C_0.\Delta P$ où ΔP est la différence de pression aux bornes de l'orifice.

L'organe de puissance de l'appareil se compose de deux vérins moteurs alimentés en huile de module B. Cette huile est distribuée par la valve à tiroir dont les débits d'entrée et sortie répondent à $Q_1 = - Q_2 = K_q.x_t$. Le déplacement du tiroir provoque donc le déplacement des vérins moteurs qui entraînent le gouvernail dont l'inertie et les frottements rapportés à l'axe de la mèche seront notés J et f. Le couple ainsi exercé par les vérins moteurs doit donc vaincre J, f, un couple extérieur C_r exercé sur la mèche par la mer, ainsi que la résistance opposée par le vérin de contre-réaction.

Remarques : on admettra que, quel que soit θ_s, on a $y = \ell.\theta_s$. On notera A_1, A_2, A_t, A et A' les surfaces utiles respectivement des vérins de commande, de contre-réaction et des vérins moteurs. Enfin, on désignera par $2V_0$ le volume total d'huile dans l'organe de puissance.

a) Etablir l'expression de x_t en fonction de θ_e et θ_s, puis celle de $p_2 - p_1$ (dans le vérin de contre-réaction) en fonction de θ_s. Exprimer ensuite le bilan des couples qui s'exercent sur la mèche du gouvernail, puis établir l'expression de $P_1 - P_2$ (dans les vérins moteurs) en fonction de x_t. On supposera $P_1 + P_2$ constant.

b) En déduire le diagramme fonctionnel de l'appareil, puis sa fonction de transfert $K_h G(p)$ en boucle ouverte lorsque $C_r = 0$.

c) Quelle relation doivent vérifier les paramètres de $K_h G(p)$ pour que la fonction de transfert en boucle fermée dispose d'une marge de gain de 6 db ?

d) Pour $\theta_e = 0$, exprimer la fonction de transfert $\theta_s(p)/C_r(p)$.

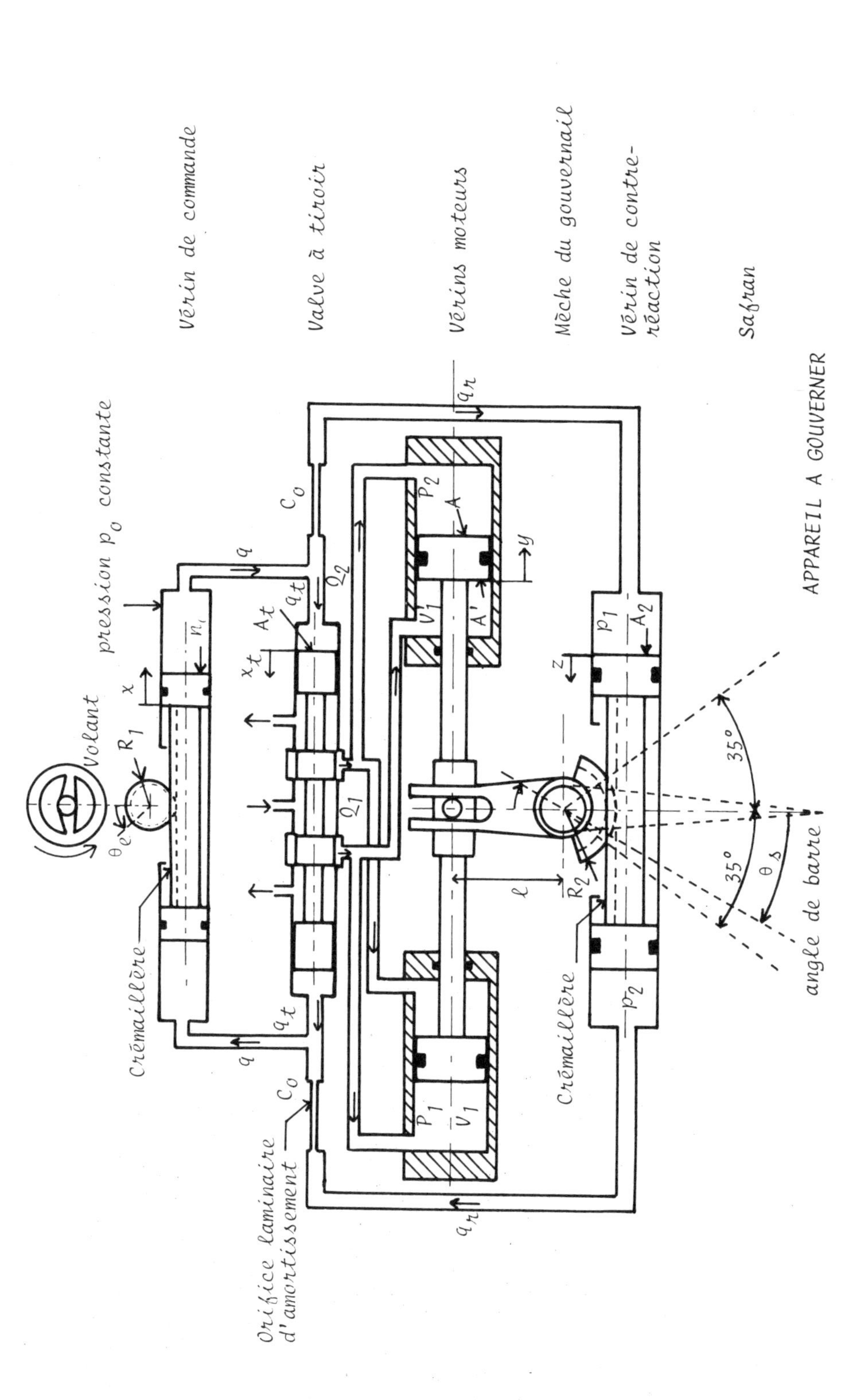
Vérin de commande
Valve à tiroir
Vérins moteurs
Mèche du gouvernail
Vérin de contre-réaction
Safran
APPAREIL A GOUVERNER
pression p_o constante
Volant
Crémaillère
Orifice laminaire d'amortissement
Crémaillère
angle de barre
35°
35°

a) Quand le pilote tourne le volant de θ_e, le vérin de commande déplace un volume d'huile (de chaque côté) égal à A.x. Il en résulte un débit $q = A_1.\dot{x}$.

Puis $q = q_r + q_t$ avec $q_r = A_2.\dot{z}$ et $q_t = A_t.\dot{x}$

Comme $x = R_1.\theta_e$ et $z = R_2.\theta_s$, on obtient la relation :

$$\boxed{x_t = \frac{A_1R_1}{A_t}.\theta_e - \frac{A_2R_2}{A_1}.\theta_s}$$

Le débit qui entre dans le vérin de contre-réaction est égal à celui qui en sort :

$$q_r = C_o(p_o - p_1) = C_o(p_2 - p_o)$$

donc $p_2 - p_1 = \frac{2}{C_o}.q_r = \frac{2A_2}{C_o}.\dot{z}$ $\quad\boxed{p_2 - p_1 = \frac{2A_2R_2}{C_o}.\dot{\theta}_s}$

Le couple moteur qui s'exerce sur la mèche du gouvernail s'écrit :

$$C = \ell\,(AP_1 - A'P_2 + A'P_1 - AP_2) = \ell\,(A + A')\,(P_1 - P_2)$$

Il s'oppose au couple résistant :

$$\boxed{C = J\ddot{\theta}_s + f\dot{\theta}_s + C_r + R_2A_2(p_2 - p_1) = \ell\,(A + A')\,(P_1 - P_2)}$$

Les débits d'entrée et sortie des vérins moteurs répondent à :

$$Q_1 = -Q_2 = \frac{Q_1 - Q_2}{2} = K_q.x_t$$

Or $\quad Q_1 = \dot{V}_1 + \frac{V_1}{B}\dot{P}_1 + \dot{V}'_1 + \frac{V'_1}{B}\dot{P}_1$ avec $V_1 + V'_1 = V_o + y(A'+A)$

et de même pour Q_2, d'où :

$$Q_1 - Q_2 = 2\dot{y}(A + A') + \frac{V_o}{B}(\dot{P}_1 - \dot{P}_2) + y(A + A')\frac{\dot{P}_1 + \dot{P}_2}{B}$$

Comme $P_1 + P_2$ est constant, cette équation devient :

$$\boxed{\dot{P}_1 - \dot{P}_2 = \frac{2B}{V_o}(K_q.x_t - (A + A')\,\dot{y})}$$

b) Diagramme fonctionnel $(K_a = (A + A')\ell$ et $K_r = A_2R_2)$

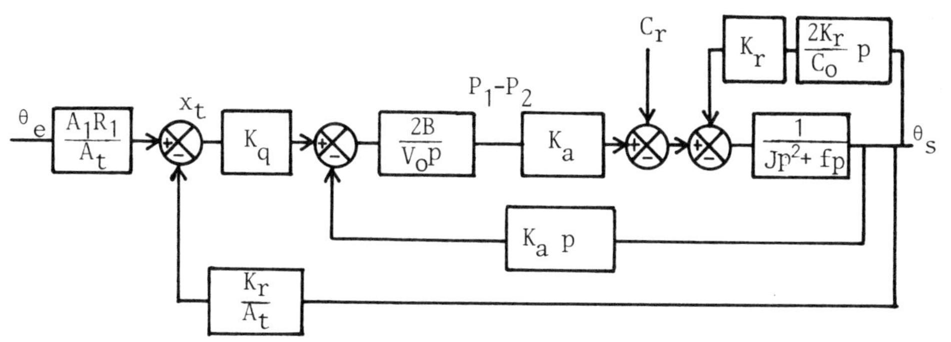

Pour $C_r = 0$, la fonction de transfert KG(p) en boucle ouverte du système est de la forme :

$$K_h\,G(p) = \frac{K_h \cdot \omega_h^2}{p[p^2 + 2\zeta\omega_h \cdot p + \omega_h^2]}$$

avec
$$K_h = \frac{A_2R_2K_q}{A_t(A + A')\ell}$$

$$\omega_h^2 = \frac{2B(A + A')^2\ell^2}{V_o\;J} \quad \text{et} \quad 2\zeta\omega_h = \frac{f}{J} + \frac{2(A_2R_2)^2}{C_o\;J}$$

c) Comme $K_hG(p)$ est composé d'une fonction du deuxième ordre et d'un intégrateur pur, la marge de gain du système en boucle fermée sera de 6 db si pour $\omega = \omega_h$ (ce qui correspond à un déphasage de -90° du deuxième ordre), le gain $|K_hG(j\omega_h)| = -\,6$ db.

Or $\quad |K_hG(j\omega_h)| = \dfrac{K_h \cdot \omega_h^2}{\omega_h \cdot 2\zeta\omega_h^2} = \dfrac{K_h}{2\zeta\omega_h}$

Comme - 6 db # 0,5, il en résulte $\boxed{K_h = \zeta\,\omega_h}$

d) Après réduction du diagramme fonctionnel pour $\theta_e = 0$

$$\frac{\theta_s(p)}{C_r(p)} = -\,\frac{p}{J[p^3 + 2\zeta\omega_h \cdot p^2 + \omega_h^2 \cdot p + \omega_h^2\,K_h\,]}$$

<> <> <> <> <>

1.2.4 LIEU DES PÔLES (EVANS) DE QUELQUES SYSTEMES BOUCLES

On considère le système bouclé à retour unitaire de la figure où le gain k est réglable.

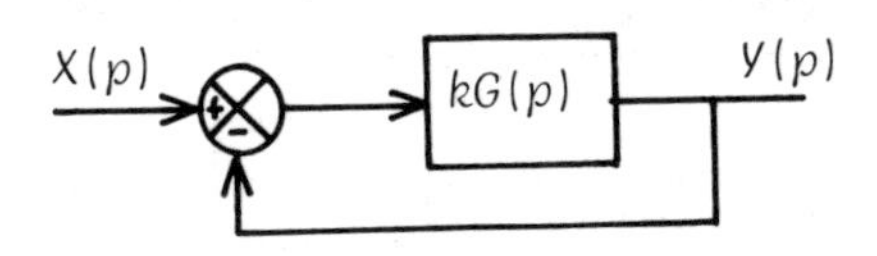

Déterminer le lieu des pôles du système asservi, lorsque k varie de zéro à l'infini, pour :

a) $kG(p) = \dfrac{k\ (p+4)}{(p+1)\,(p^2 + 6p + 13)}$

Préciser les points de départ et d'arrivée du lieu, les asymptotes, les tangentes aux points de départs.

b) $kG(p) = k\,\dfrac{p+6}{p(p+4)}$

Préciser les points de départ et d'arrivée du lieu, l'asymptote, les intersections avec l'axe réel. Montrer qu'une partie du lieu est un cercle. Pour quelle valeur k_0 de k le système est-il le plus oscillatoire ?

c) $kG(p) = \dfrac{k(p+5)}{p(p+2)\,(p+3)^2}$

Préciser les points de départ et d'arrivée du lieu, les asymptotes, les intersections avec l'axe réel, les intersections avec l'axe imaginaire.

* * * * *

a) Les points de départ sont les pôles de kG(p) :

$$p_o = -1, \quad p_1 = -3 + 2j, \quad p_2 = -3 - 2j$$

Les points d'arrivée sont : le zéro de kG(p) ($z_o = -4$) et deux branches infinies.

Les directions asymptotiques sont $\alpha = \pm \frac{\pi}{2}$.

Les asymptotes sont concourantes en un point δ de l'axe réel :

$$\delta = \frac{p_o + p_1 + p_2 - z_o}{3 - 1} = -\frac{3}{2}$$

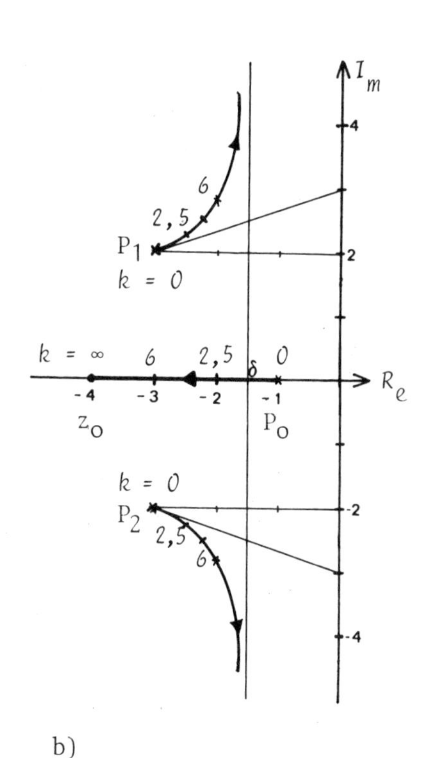

Soit θ la tangente au point de départ P_1 :

$$\text{Arctg}2 - (\theta + \frac{\pi}{2} + \frac{3\pi}{4}) = -\pi$$

$$\theta = \text{Arctg}2 - \frac{\pi}{4} \Rightarrow \text{tg}\,\theta = \frac{1}{3}$$

La somme des pôles du système bouclé est égale à la somme des pôles de kG(p), c'est-à-dire -7.

b)

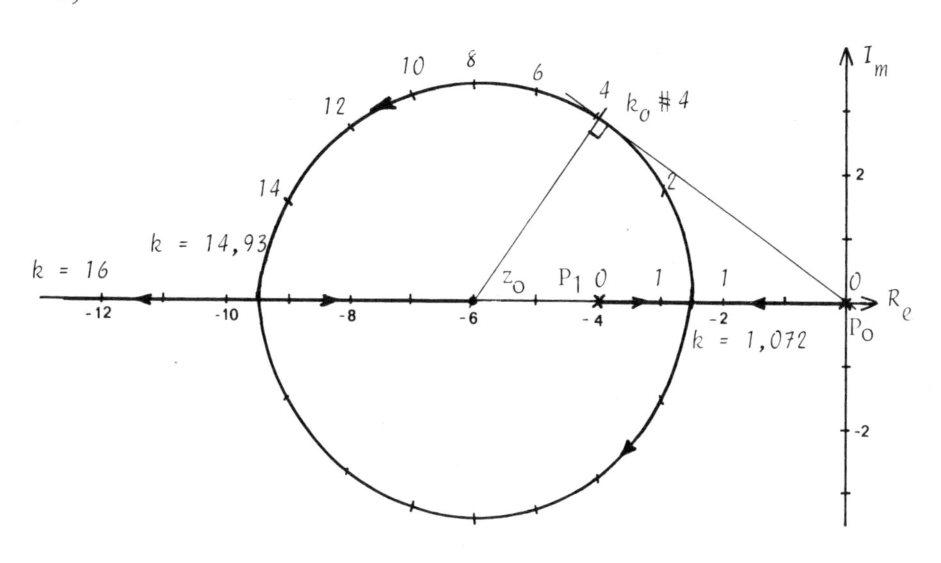

Les points de départ sont les pôles de kG(p) : $p_o = 0$, $p_1 = -4$. Les points d'arrivée sont : le zéro de kG(p) ($z_o = -6$) et une branche infinie (direction asymptotique $\alpha = -\pi$).

Parties de l'axe réel appartenant au lieu :]-∞,-6[et [-4,0].

Intersections avec l'axe réel :

Posons $y(x) = \frac{x(x+4)}{x+6}$ => $y'(x) = \frac{x^2 + 12x + 24}{(x+6)^2}$

$$y'(-6 \pm 2\sqrt{3}) = 0$$

d'où 2 intersections avec l'axe réel :

$$x_1 = -2{,}54 \quad \text{pour} \quad k = 1{,}072$$
$$x_2 = -9{,}46 \quad \text{pour} \quad k = 14{,}93$$

L'équation caractéristique s'écrit :

$$p^2 + (k+4)p + 6\,k = 0$$

Les solutions sont (pour $k \in [1{,}072 \ ; \ 14{,}93]$)

$$\left.\begin{matrix} p_1 \\ p_2 \end{matrix}\right\} = -(k+4) \pm j\sqrt{24k - (4+k)^2}$$

Les images de p_1 et p_2 sont situées sur un cercle de centre (-6,0) et de rayon $2\sqrt{3}$.

Le système est le plus oscillatoire pour $k_o \# 4$.

c) Les points de départ sont les pôles de kG(p) : $p_o = 0$, $p_1 = -2$; $p_2 = p_3 = -3$.

Les points d'arrivée sont : le zéro de kG(p) ($z_o = -5$) et 3 branches infinies.

Les directions asymptotiques sont $\alpha_1 = \frac{\pi}{3}$; $\alpha_2 = \pi$; $\alpha_3 = -\frac{\pi}{3}$.

Les asymptotes sont concourantes en un point δ de l'axe réel :

$$\delta = \frac{p_o + p_1 + p_2 + p_3 - z_o}{4 - 1} = -1$$

Parties de l'axe réel appartenant au lieu :]-∞,-5[; {-3} ; [-2,0].

Intersections avec l'axe réel :

Posons $y(x) = \frac{x(x+2)(x+3)^2}{x+5}$

$$y'(x) = \frac{3(x+3)}{(x+5)^2}\,(x^3 + 9x^2 + 20x + 10)$$

Cette dérivée s'annule pour :

$$x_1 = -3 \ ; \quad x_2 = -0{,}7076 \ ; \quad x_3 = -2{,}398 \ ; \quad x_4 = -5{,}895$$

d'où 3 intersections avec l'axe réel :

$x_1 = -3$ pour $k = 0$

$x_2 = -0,7072$ pour $k = 1,12$

$x_4 = -5,895$ pour $k = 215$

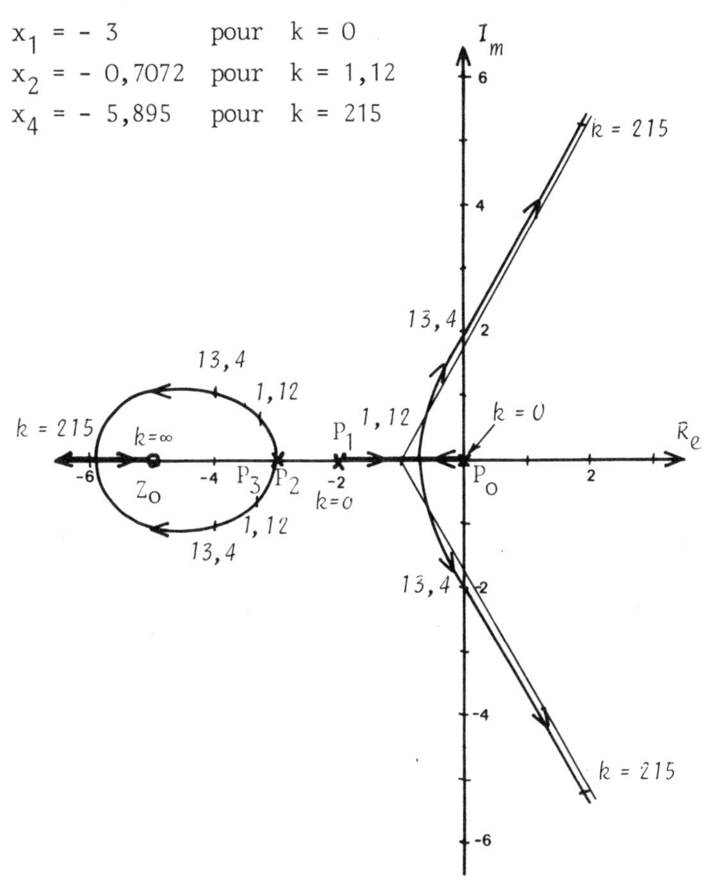

Intersections avec l'axe imaginaire :

L'équation caractéristique s'écrit : $p^4 + 8p^3 + 21p + (k+18)p + 5k = 0$.

Construisons le tableau de Routh :

1	21	$5k$	4
8	$k+18$		3
$\frac{150-k}{8}$	$5k$		2
$\frac{2700-188k-k^2}{150-k}$			1
$5k$			0

le système en B.F. est stable s'il n'y a aucun changement de signe dans la 1ère colonne, donc pour $k < 13,4$

Les pôles seront imaginaires purs pour $k = 13,4 \Rightarrow 8p^3 + 31,4p = 0$

d'où $p = \pm\ 1{,}98\ j$

La somme des pôles du système bouclé est égale à la somme des pôles de kG(p), c'est-à-dire -8.

1.2.5 ETUDE D'UNE REGULATION DE NIVEAU

La figure ci-dessous présente un processus dont l'entrée est l'ouverture de la vanne d'alimentation et la mesure, le niveau n du liquide dans le bac. On désire que n suive une valeur de consigne n_c affichée par un potentiomètre, même en cas de variations du débit de fuite q_f. Pour cela, on propose un schéma qui consiste à appliquer une tension d'erreur $v_c - v_n$, amplifiée par l'amplificateur 1, à un asservissement de position de la vanne. Cet asservissement comporte un deuxième amplificateur de gain A_2 qui alimente l'induit d'un moteur à courant continu dont l'excitation est constante. En tournant, le moteur entraîne la tige de vanne par l'intermédiaire d'un réducteur, ce qui permet l'ajustement du débit d'entrée q_e. La position de la vanne est mesurée au moyen d'un potentiomètre monté sur l'axe du moteur.

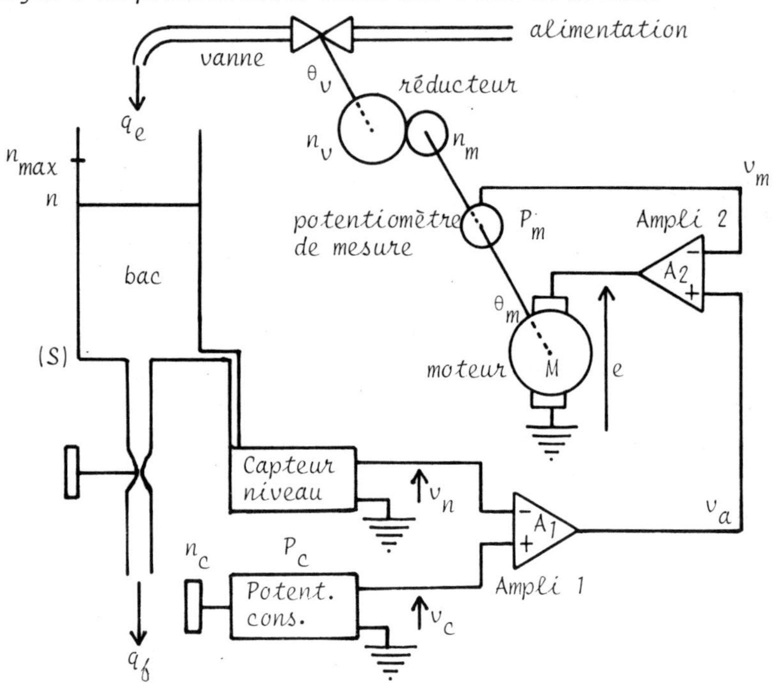

Les différents organes ont les caractéristiques suivantes :

Bac : niveau maximum $n_{max} = 0{,}5$ m, *section* $S = 0{,}5$ m^2

Capteur de niveau : tension de sortie $v_n = \lambda n$ *avec* $\lambda = 20$ *volts/m*

Potentiomètre de consigne : P_c *est gradué de 0 à* n_{max}, *tension de sortie* $v_c = \lambda n_c$ $(\lambda = 20$ *volts/m)*

Amplificateurs 1 et 2 : les gains A_1 *et* A_2 *sont réglables. Leurs bandes passantes et leurs impédances d'entrée sont infinies, leurs impédances de sortie sont nulles.*

Moteur M : moteur à courant continu alimenté par l'induit, de fonction de transfert :

$$\frac{\theta_m(p)}{e(p)} = \frac{K_m}{p(1+p.T_m)}$$

avec $K_m = 0{,}5$ *rad/s/volt et* $T_m = 0{,}1$ *s*

Potentiomètre P_m *: capteur de position angulaire de l'arbre moteur. Il délivre une tension proportionnelle à* θ_m $(v_m = K_p\ \theta_m$ *avec* $K_p = 1$ *volt/rad)*

Réducteur : $\dfrac{n_v}{n_m} = 20$

Vanne : le débit q est proportionnel à la position angulaire θ_v *avec un coefficient de débit* $k_v = 0{,}1$ m^3/s/rad

$$q = k_v\ \theta_v$$

a) Tracer le diagramme fonctionnel de l'ensemble. En déduire la fonction de transfert de l'asservissement de position de la vanne $\dfrac{\theta_m(p)}{v_a(p)}$ *(*v_a *tension de sortie de l'amplificateur n°1), puis la fonction de transfert en boucle ouverte de l'ensemble (c'est-à-dire en l'abscence de contre-réaction de niveau).*

b) Régler le gain de l'amplificateur A_2 *pour que la réponse de* θ_m *à un échelon de* v_a *présente un dépassement de 0,0388 %.*

c) Avec la valeur de A_2 *déterminée précédemment et en supposant* A_1 *non fixé, calculer les valeurs des coefficients de la fonction de transfert en boucle ouverte.*

d) Tracer le lieu des pôles du système en boucle fermée lorsque A_1 *varie de zéro à l'infini.*

e) En déduire les valeurs de A_1 pour lesquelles la réponse du niveau à un échelon de consigne de niveau est non-oscillatoire, ainsi que celles pour lesquelles le système bouclé est stable.

* * * * *

a)

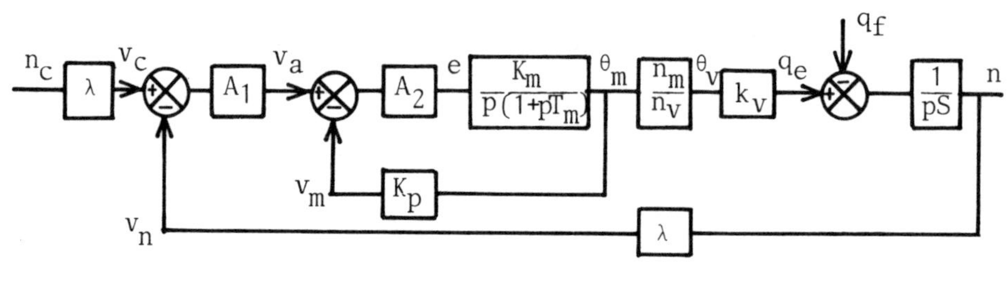

$$\frac{\theta_m(p)}{v_a(p)} = \frac{A_2.K_m}{p(1+p.T_m) + A_2K_mK_p} = \frac{1}{K_p} \cdot \frac{1}{1 + \frac{1}{A_2K_mK_p}.p + \frac{T_m}{A_2K_mK_p} \cdot p^2}$$

En boucle ouverte, la fonction de transfert de l'ensemble s'écrit :

$$\boxed{\frac{n(p)}{n_c(p)} = \frac{\lambda A_1 k_v n_m}{K_p S n_v} \cdot \frac{1}{p(1 + \frac{1}{A_2K_mK_p} \cdot p + \frac{T_m}{A_2K_mK_p} \cdot p^2)}}$$

b) La fonction de transfert $\theta_m(p)/v_a(p)$ est de la forme :

$$\frac{K}{p^2 + 2\zeta\omega_n.p + \omega_n^2} \quad \text{avec} \quad \omega_n = \sqrt{\frac{A_2K_mT_p}{T_m}} \quad \text{et} \quad \zeta = \frac{1}{2\sqrt{A_2K_mK_pT_m}}$$

Le dépassement X_1 d'une fonction de transfert du deuxième ordre s'exprime en fonction de ζ par :

$$X_1 = e^{-\frac{\pi}{tg\psi}} \quad \text{avec} \quad tg\psi = \frac{\sqrt{1-\zeta^2}}{\zeta}$$

Avec $X_1 = 0{,}00038$, $tg\psi = 0{,}4$ donc $\zeta = 0{,}9285$ et le gain A_2 est égal à :

$$A_2 = \frac{1}{4\zeta^2 K_m K_p T_m} = 5{,}8$$

c) La fonction de transfert $n(p)/n_c(p)$ en boucle ouverte devient, avec cette valeur de A_2 :

$$\frac{n(p)}{n_c(p)} = \frac{5{,}8\ A_1}{p(p^2 + 10p + 29)}$$

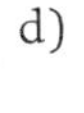

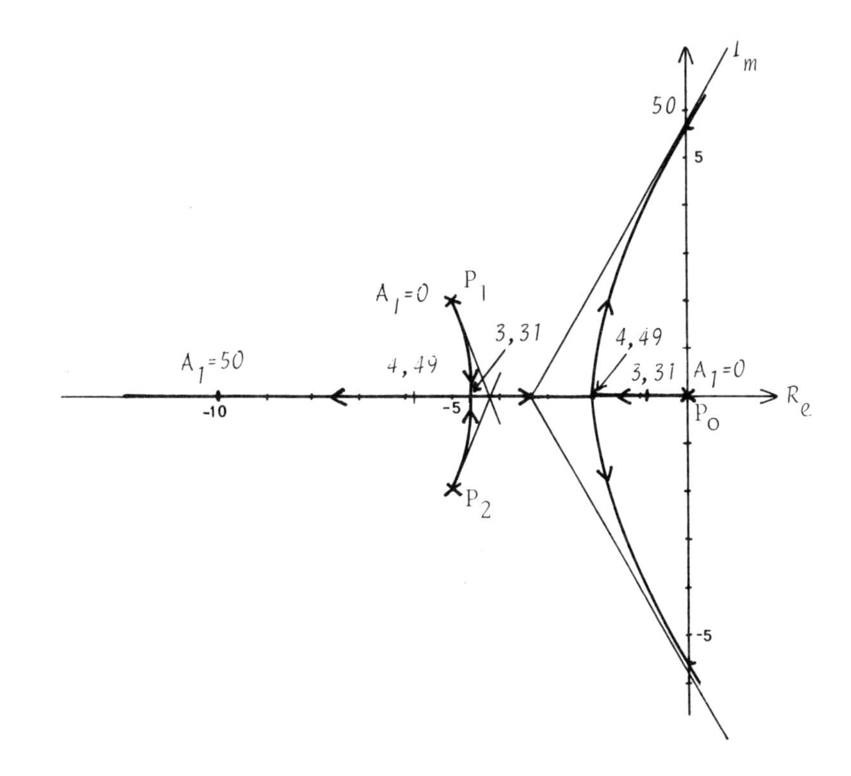

e) Le système est non oscillatoire pour $3{,}31 < A_1 < 4{,}49$ et stable pour $A_1 < 50$.

1.3 STABILITÉ DES SYSTÈMES ASSERVIS

1.3.1 STABILITE DE QUELQUES SYSTEMES ASSERVIS A RETOUR UNITAIRE

a) Etudier la stabilité du système asservi dont la fonction de transfert en boucle ouverte est $KG(p) = \frac{1}{p(1+p)}$, *d'abord en appliquant le critère de Nyquist, puis en calculant les zéros de* $(1+KG(p))$.

b) Etudier la stabilité du système asservi de fonction de transfert en B.O. $KG(p) = \frac{1}{p^3}$ *en appliquant le critère de Nyquist.*

c) Le système de fonction de transfert en B.O. égale à $KG(p) = \frac{1}{1-0,2p}$ est-il stable en boucle fermée ? (utiliser le critère de Nyquist)

d) Soit $KG(p) = \frac{K}{p(1+0,1p)(1+0,2p)}$. Déterminer les valeurs de K pour lesquelles le système est stable en boucle fermée, et ce, en utilisant le critère de Nyquist, puis en appliquant le critère de Routh.

e) Même question pour $KG(p) = K \frac{1+p}{p^2(1+\frac{p}{10})(1+\frac{p}{100})}$.

* * * * *

a) * $KG(p) = \frac{1}{p(1+p)}$

$N = P - Z$

- N = nombre de tours de KG(p) autour de "-1"
- P = nombre de pôles de KG(p) à partie réelle positive
- Z = nombre de zéros de 1 + KG(p) à partie réelle positive

$N = 0,\ P = 0$ donc $Z = 0$

Le système est stable en B.F. (boucle fermée)

* $1 + KG(p) = \frac{p(p+1)+1}{p(p+1)} = \frac{p^2+p+1}{p(p+1)}$

Les zéros de 1 + KG(p) sont :

$$-\frac{1}{2} + \frac{\sqrt{3}}{2}j \text{ et } -\frac{1}{2} - \frac{\sqrt{3}}{2}j,$$

donc à parties réelles négatives. Le système en B.F. est donc stable.

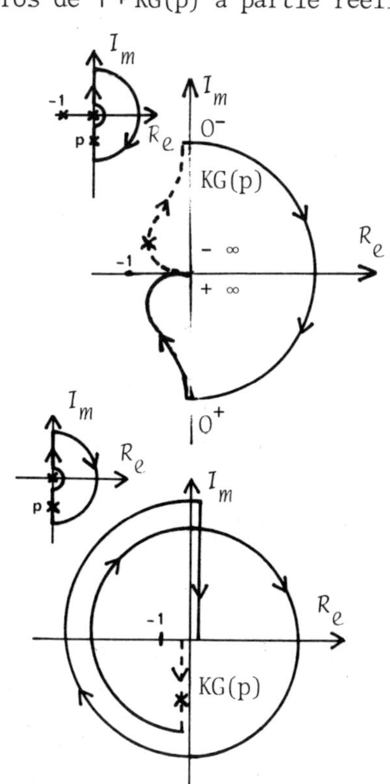

b) $KG(p) = \frac{1}{p^3}$

1ère méthode :

$N = P - Z$

$N = -2$, $P = 0$ $\Rightarrow Z = 2$

Le système en B.F. est instable.

2ème méthode :

$$\left.\begin{array}{l} N = 1 \\ P = 3 \end{array}\right\} \quad Z = 2$$

Le système en B.F. est instable.

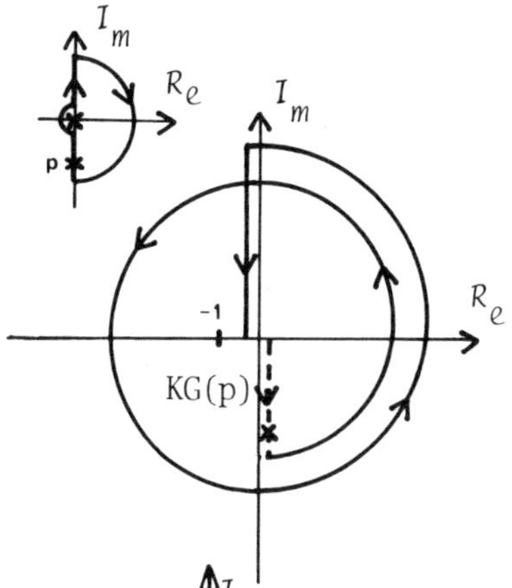

c) $KG(p) = \frac{1}{1 - 0,2p}$

$N = P - Z$

$N = 0$, $P = 1$ donc $Z = 1$

Le système est instable en B.F.

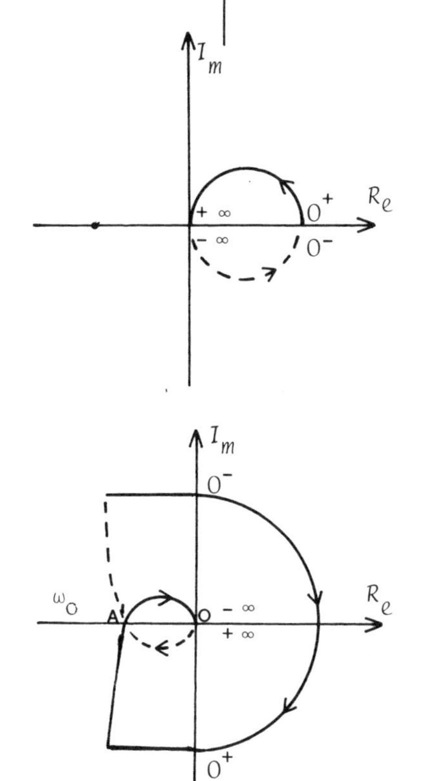

d) $KG(p) = \frac{K}{p(1+0,1p)(1+0,2p)}$

* Critère de Nyquist :

Si le point "-1" appartient au segment OA, alors $N = -2$, $P = 0$, donc $Z = 2$, le système est instable en B.F.

Si le point "-1" n'appartient pas au segment OA, alors $N = 0$, $P = 0$ donc $Z = 0$, le système est stable en B.F.

La valeur K_o de K et la pulsation ω_o pour lesquelles le lieu de KG(p) passe par le point -1 répondent à $|K_oG(j\omega_o)| = 1$ et $\angle K_oG(j\omega_o) = -180°$.

Or $\angle KG(j\omega_o) = -90° - \text{Arctg}\,(0,1\,\omega_o) - \text{Arctg}\,(0,2\,\omega_o)$

Donc $\quad \text{tg}\,[\text{Arctg}\,(0{,}1\,\omega_o) + \text{Arctg}\,(0{,}2\,\omega_o)] = \text{tg}\,[90°]$

$$\frac{0{,}1\,\omega_o + 0{,}2\,\omega_o}{1 - 0{,}02\,\omega_o^2} \longrightarrow +\infty \qquad \text{donc} \qquad \omega_o = \sqrt{50}\ \text{rd/s}$$

D'où $\quad |K_o G(j\omega_o)| = K_o \dfrac{1}{\sqrt{50}\sqrt{1{,}5}\sqrt{3}} = \dfrac{K_o}{15} = 1 \quad \text{donc} \quad K_o = 15$

Donc si K est inférieur à 15, $|KG(j\omega_o)| < 1$, le système en B.F. est stable. Si K est supérieur à 15, le système est instable en B.F.

* Critère de Routh :

Le numérateur de $1 + KG(p)$ s'écrit $\left[p(1+0{,}1p)(1+0{,}2p) + K\right]$ égal à $K + p + 0{,}3\,p^2 + 0{,}02\,p^3$.

Le tableau de Routh s'écrit :

0,02	1	Le système en B.F. est stable si les coefficients de la première colonne sont tous de même signe, donc si $1 - \frac{0{,}2K}{3}$ est positif, soit $K > 15$.
0,3	K	
$1 - \frac{0{,}2K}{3}$	0	
K		

Si $K < 15$, il y a deux changements de signe dans la première colonne, donc deux zéros à partie réelle positive dans $(1 + KG(p))$: le système en B.F. est instable.

e) $KG(p) = K(1+p)/p^2(1 + \frac{p}{10})(1 + \frac{p}{100})$

* Critère de Nyquist

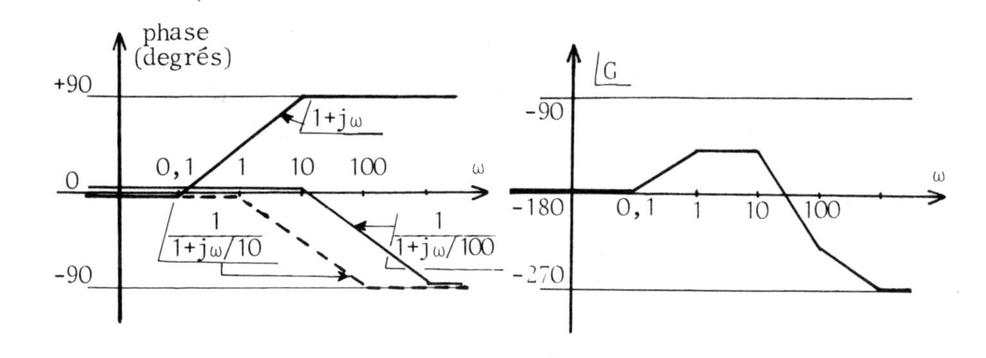

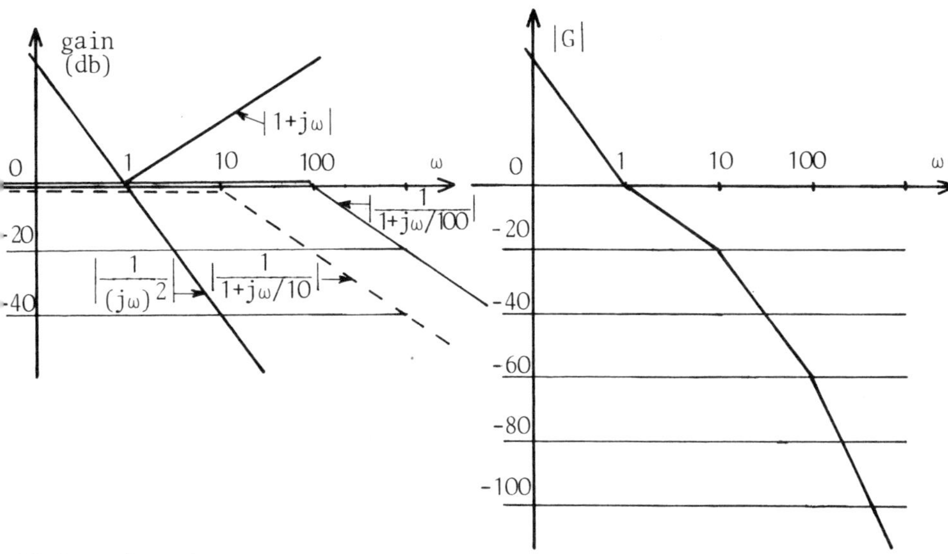

Si le point -1 appartient au segment OA, alors N = - 1, P = 0, donc Z = 2 et le système est instable.

Sinon N = 0, P = 0, donc Z = 0 et le système est stable.

Les valeurs du gain K_o et de la pulsation ω_o pour lesquels le lieu de KG(p) passe par -1 sont calculées comme dans l'exercice d), ce qui conduit à :

$\omega_o^2 = 890$, donc $\omega_o \simeq 30$ rd/s et $K_o = 97{,}9$.

Donc si $K < K_o$, le système est stable, sinon il est instable.

* Critère de Routh

Le numérateur de $1 + KG(p)$ est égal à :

$$K + K.p + p^2 + 0{,}11.p^3 + 0{,}001.p^4$$

Tableau de Routh :

$0{,}001$	0	K
$0{,}11$	K	0
$a = 1 - \frac{K}{110}$	K	0
$b = K - \dfrac{0{,}11K}{1 - \frac{K}{110}}$	0	
K		

Le système en B.F. est stable si a et b sont positifs, c'est-à-dire si $K > 110$ ($a > 0$) et $K > 97{,}9$ ($b > 0$).
Si $97{,}9 < K < 110$ ou si $K < 97{,}9$, la première colonne du tableau comporte deux changements de signe, donc le système est instable en B.F.

<> <> <> <> <>

1.3.2 Soit le système asservi de la figure ci-dessous, où :

$$G(p) = \frac{1 + 5p}{1 + 0{,}8p + 4p^2}$$

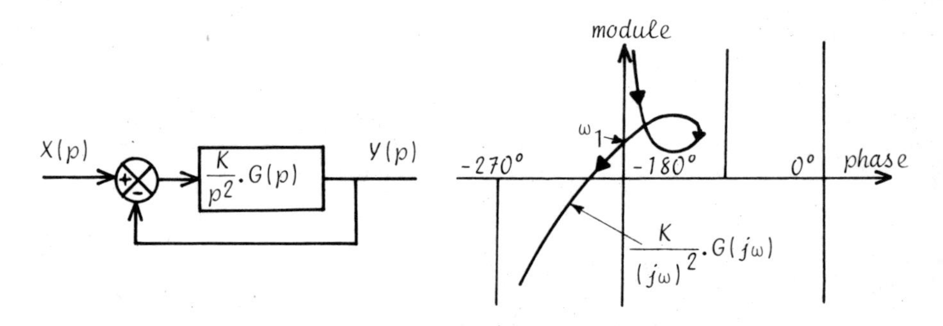

a) En utilisant le critère de Routh, déterminer les valeurs de K pour lesquelles le système bouclé est stable.

b) Retrouver le résultat précédent par le critère de Nyquist. Pour cela, tracer, à partir du lieu de transfert dans le plan de Black (voir figure), l'allure du lieu de Nyquist dans le plan complexe ; puis calculer la pulsation ω_1 pour laquelle le lieu de Nyquist coupe *l'axe réel négatif ; et, enfin, appliquer le critère de Nyquist et déterminer les valeurs de K pour lesquelles le système asservi est stable.*

* * * * *

a) Critère de Routh

Le dénominateur de la fonction de transfert en boucle fermée s'écrit :

$$1 + \frac{K}{p^2} \cdot G(p) = \frac{K + 5K.p + p^2 + 0{,}8p^3 + 4p^4}{p^2(1 + 0{,}8p + 4p^2)}$$

Tableau de Routh appliqué au numérateur de cette fonction rationnelle :

$$\begin{array}{c|c|c} 4 & 1 & K \\ 0{,}8 & 5K & \\ 1-25K & K & \\ a & & \\ K & & \end{array}$$

avec $a = 5K - \frac{0{,}8K}{1 - 25K} = K\,\frac{4{,}2 - 125K}{1 - 25K}$

La fonction de transfert en B.F. sera stable si tous les éléments de la première colonne du tableau sont de même signe, ici positif.

Or $a > 0 \Rightarrow K < \frac{1}{25}$ et $K < \frac{4{,}2}{125}$ donc $\boxed{K < 0{,}0336}$

b) Critère de Nyquist

Tracé du lieu de Nyquist :

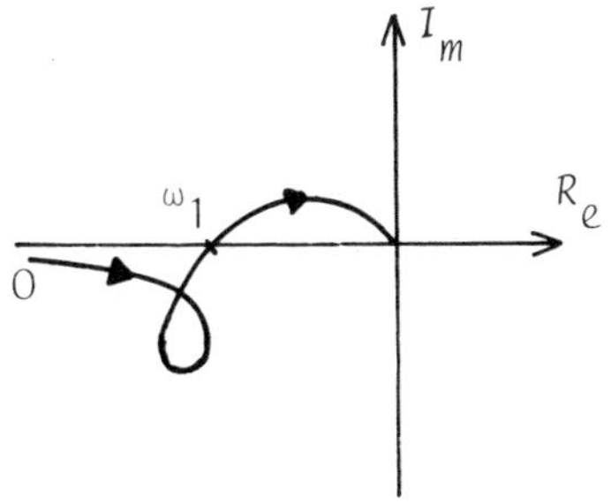

La pulsation ω_1 répond à :

$$\underline{/\frac{K}{(j\omega_1)^2} \cdot G(j\omega_1)} = -180°$$

$$-180° + \text{Arctg}\,5\omega_1 - \text{Arctg}\,\frac{0{,}8\omega_1}{1-4\omega_1^2} = -180°$$

$$5\omega_1 = \frac{0{,}8\omega_1}{1-4\omega_1^2} \Rightarrow 20\,\omega_1^2 = 4{,}2$$

Donc $\boxed{\omega_1 = 0{,}458}$

Critère de Nyquist :

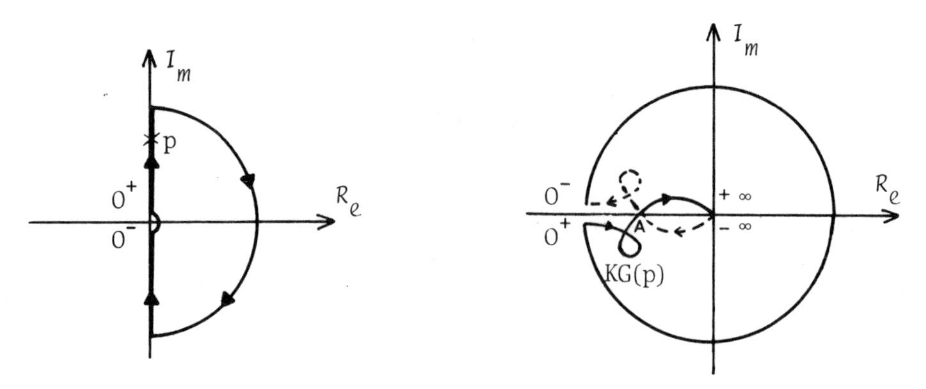

Si le point -1 appartient au segment OA, alors de P = 0, N = - 2, il résulte Z = 2, donc le système en B.F. est instable.

Sinon, P = 0, N = 0 et donc Z = 0, et le système en B.F. est stable.

Le point -1 n'appartiendra pas au segment OA si $\left|\dfrac{K}{(j\omega_1)^2} \cdot G(j\omega_1)\right| < 1$

Or $$\left|\frac{K}{(j\omega_1)^2} \cdot G(j\omega_1)\right| = \frac{K}{\omega_1^2}\sqrt{\frac{1+25\omega_1}{(1-4\omega_1)^2+0{,}64\omega_1}} = 29{,}76\ K$$

Donc si $\boxed{K < 0{,}0336}$, le système en B.F. est stable, sinon il sera instable.

<> <> <> <> <>

1.3.3 ETUDE DU PILOTE AUTOMATIQUE D'UN AVION

Le pilote automatique d'un avion doit assurer un vol à altitude constante. Le système asservi qui réalise cette fonction comprend deux boucles principales (une boucle maître et une boucle esclave) comme le montre la figure placée à la fin de l'énoncé.

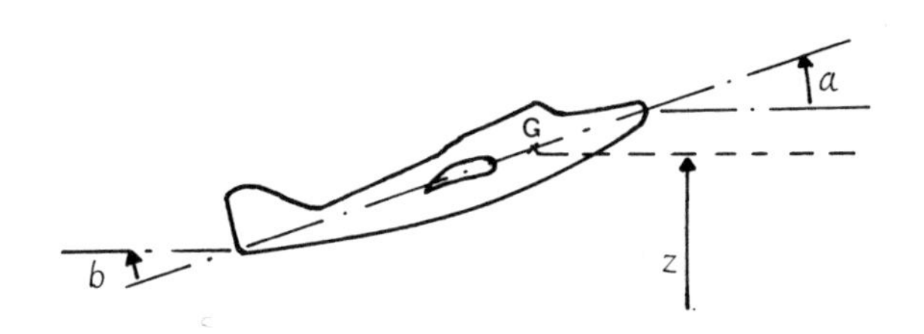

L'angle a représente l'assiette de l'avion (angle que fait son axe avec l'horizontale) et b est l'angle de braquage du gouvernail de profondeur (ou gouverne) qui commande la manoeuvre. On notera z l'altitude de l'avion, a_d et z_d les tensions délivrées par le gyroscope et l'altimètre, a_c et z_c les consignes (tensions) de l'assiette et de l'altitude.

Le but du problème consiste à régler les organes de la boucle esclave, c'est-à-dire de la commande d'assiette.

Au voisinage du vol horizontal, on a identifié la fonction de transfert A(p)/B(p) où A(p) et B(p) sont les transformées de Laplace de a(t) et b(t), sous la forme $K_a.F(p)$

avec $$F(p) = \frac{1 + pT}{p(1 + 2\zeta \frac{p}{\omega_n} + \frac{p^2}{\omega_n^2})}$$

où les paramètres K_a, T, ζ et ω_n s'expriment en fonction des caractéristiques géométriques et aérodynamiques de l'avion.

Les valeurs numériques de ces paramètres sont les suivantes :

$$K_a = 3,15 \qquad \zeta = 0,2 \qquad \omega_n = 0,5 \text{ rd/s} \qquad T = 5\text{s}$$

a) Tracer le lieu de transfert $K_a.F(j\omega)$ dans le plan de Black.

b) On admet que le système asservi de gouverne de l'avion comporte les dispositifs suivants :

- Un détecteur d'assiette (gyroscope) qui en régime permanent fournit un signal électrique proportionnel à l'assiette réelle de l'avion et dont la fonction de transfert $A_d(p)/A(p)$ est du deuxième ordre, de gain K_G = 8 V/rd, d'amortissement égal à 0,6 et de pulsation propre égale à 50 rd/s.
- Un amplificateur dont le gain K_0 réglable est indépendant de la fréquence dans la bande passante du système.
- Un organe de commande qui actionne le gouvernail de profondeur. La fonction de transfert de cet actionneur, une fois installé, B(p)/V(p) se compose d'un premier ordre de gain K_M = 0,5 et de constante de temps T_M = 0,1 s, suivi d'un intégrateur pur.

Construire le diagramme fonctionnel de la boucle esclave, puis étudier en fonction du gain K_0 de l'amplificateur la stabilité du système asservi. Déterminer la valeur de K_0 correspondant à la limite de stabilité (critères de Routh et de Nyquist).

c) Pour faciliter le pilotage manuel de l'angle d'assiette par action directe sur b_c, on complète la boucle esclave par un asservissement de position de la gouverne. En fonctionnement automatique, la consigne de braquage b_c est alors élaborée à partir de l'écart entre la référence d'assiette a_c et la mesure de l'assiette réelle a_d.

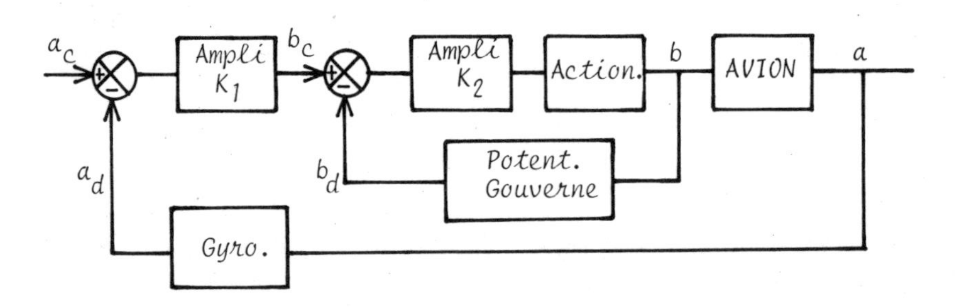

Le potentiomètre placé sur l'axe du gouvernail délivre une tension de 10 V/rd, et les autres organes ont les mêmes caractéristiques que précédemment.

Régler les gains K_1 et K_2 des deux amplificateurs de façon à ce que la réponse de l'angle b à un échelon sur la consigne de braquage b_c présente un dépassement de 20 % et que la surtension en régime harmonique de la boucle esclave soit de 2,3 db. Déterminer alors la pulsation de résonance et la bande passante à - 3 db.

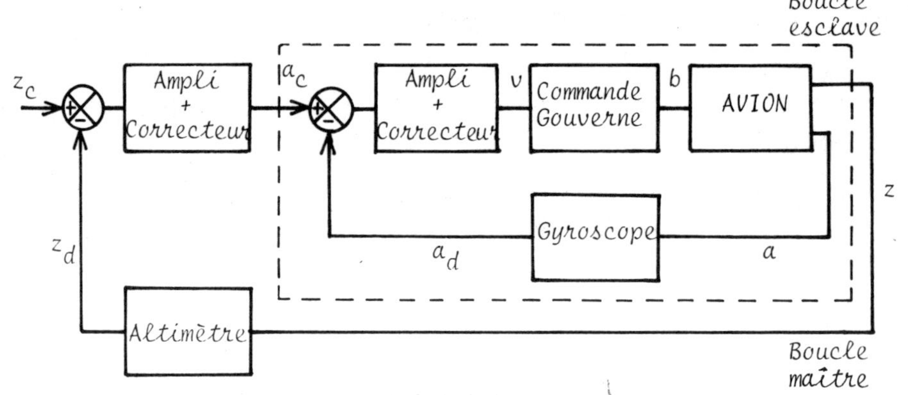

* * * * *

a) Tracé du lieu de transfert de $K_a.F(j\omega)$ dans le plan de Black

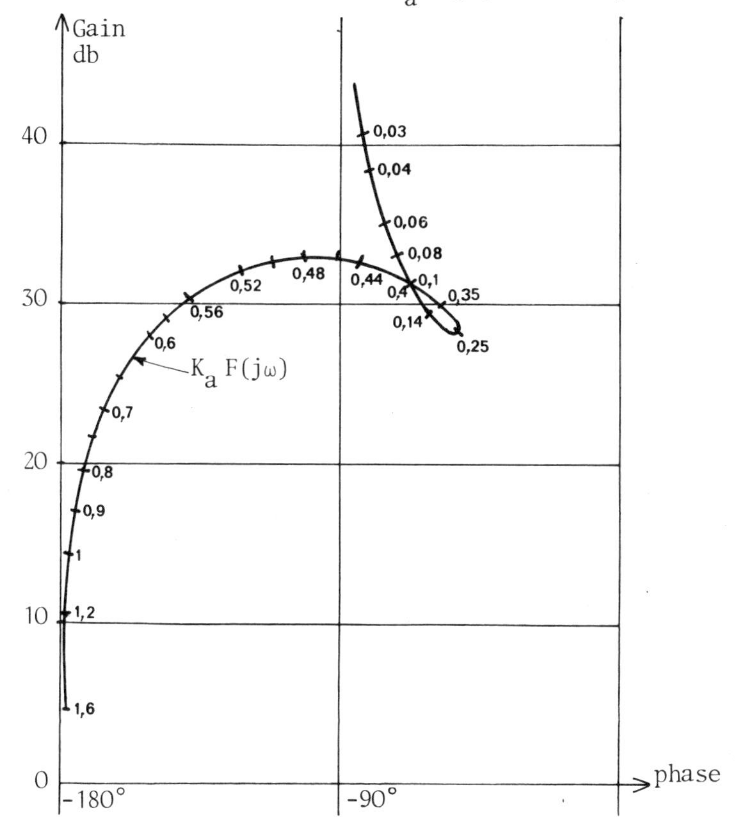

b) Le diagramme fonctionnel de la boucle esclave se présente de la façon suivante :

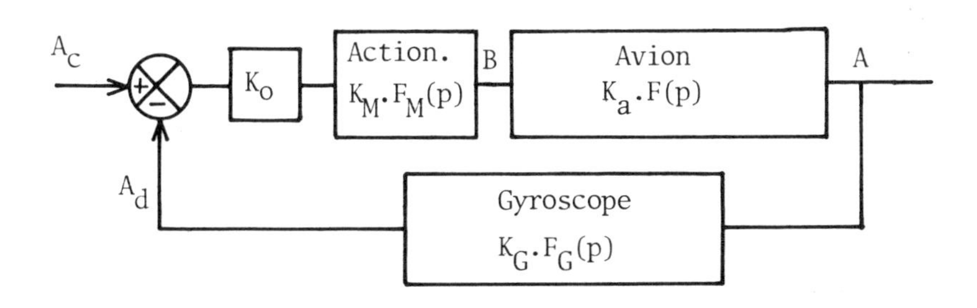

avec $F_M(p) = \dfrac{1}{p(1+0,1p)}$ et $F_G(p) = \dfrac{2500}{p^2 + 60p + 2500}$

La fonction de transfert en boucle ouverte, notée K.G(p), s'écrira donc :

$$K.G(p) = K_o.K_M.K_a.K_G.F_M(p).F(p).F_G(p)$$

avec pour gain $K = K_o.K_M.K_a.K_G = 12,6.K_o$.

* Critère de Routh :

La fonction de transfert en boucle ouverte s'écrit donc :

$$KG(p) = \frac{12,6\ K_o\ (1+5p)}{p^2(1+0,1p)(1+0,024p+4.10^{-4}.p^2)(1+0,8p+4p^2)}$$

D'où l'équation caractéristique du système en B.F. :

$$12,6\ K_o + 63\ K_o p + p^2 + 0,924p^3 + 4,102p^4 + 0,4983p^5 + 0,01123p^6 + 16.10^{-5}.p^5 = 0$$

Tableau de Routh :

16.10^{-5}	0,4983	0,924	$63\ K_o$	7
0,01123	4,102	1	$12,6\ K_o$	6
0,4399	0,909	$62,82\ K_o$		5
4,079	$1-1,604\ K_o$	$12,6\ K_o$		4
α	$61,46\ K_o$			3
β	$12,6\ K_o$			2
γ				1
$12,6\ K_o$				0

avec $\alpha = 0,8012 - 0,1730\ K_o$

$\beta = (0,8012 - 252,2\ K_o + 0,2775\ K_o^2)/\alpha$

$\gamma = K_o(41,15 - 15496\ K_o + 16,68\ K_o^2)/\alpha\beta$

Le système en boucle fermée est stable si tous les termes de la première colonne sont positifs, donc si :

$\alpha > 0 \Rightarrow K_o < 4,63$

$\alpha, \beta > 0 \Rightarrow K_o < 0,00318$

$\alpha, \beta, \gamma > 0 \Rightarrow K_o < 0,00266$

Le critère de Routh conduit donc au résultat suivant :

$$\boxed{K_o < 0,00266}$$

* Critère de Nyquist :

On peut remarquer, numériquement, que pour les faibles pulsations ($\omega < 0,5$ rd/s), les gains et phases de $F_G(j\omega)$ sont négligeables et que $F_M(j\omega)$ se comporte sensiblement comme $1/j\omega$. Connaissant le lieu de transfert $F(j\omega)$ dans le plan de Black, on en déduit aisément l'allure de $KG(j\omega)$ dans le plan complexe (figure ci-dessous).

Application du critère de Nyquist :

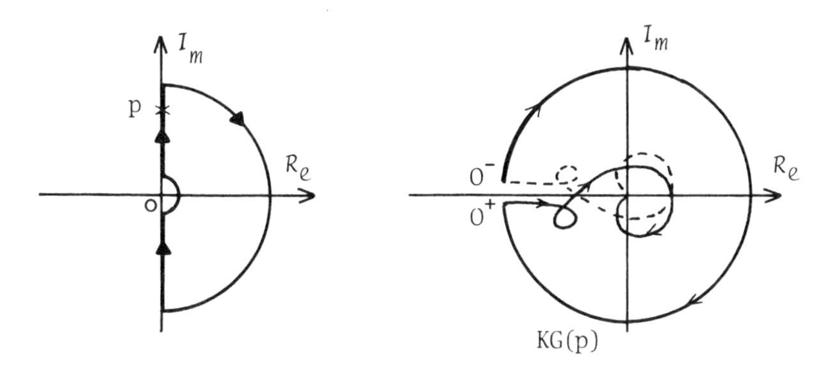

KG(p) n'a pas de pôles à partie réelle positive, donc, pour que le système asservi soit stable, il faut que $|KG(j\omega_1)| < 1$. La pulsation pour laquelle la phase de $G(j\omega)$ est de -180° est $\omega_1 = 0,45$ rd/s (voir figure ci-dessous). Le module de $K_aG(j\omega_1)$ est alors de 39,6 dB (95,5) et donc le gain K_o de l'amplificateur devra être tel que :

$$K_o.K_M.K_G.95,5 < 1 \quad \text{soit} \quad K_o < 0,0026$$

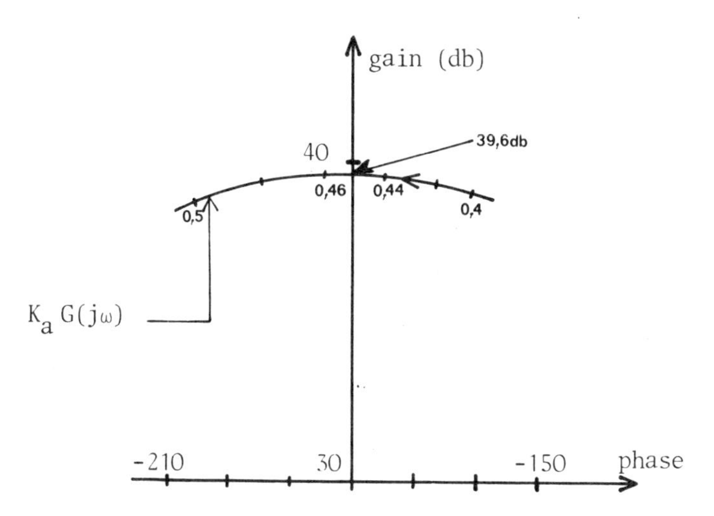

c) Réglage des amplificateurs K_1 et K_2

Le diagramme fonctionnel de l'asservissement de position de la gouverne se présente ainsi :

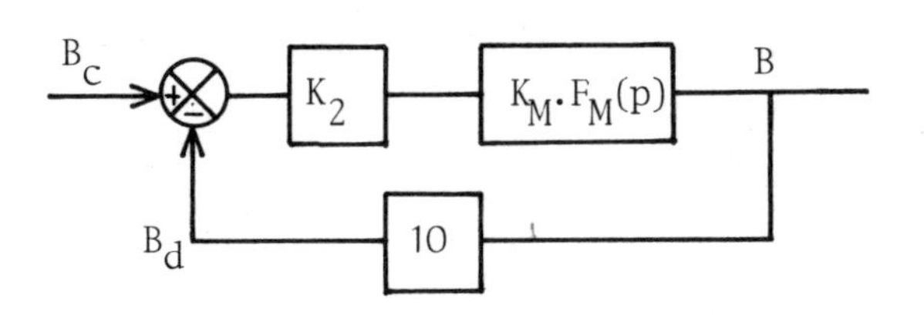

donc $$\frac{B(p)}{B_c(p)} = \frac{0,1}{1 + \frac{2\zeta}{\omega_n} p + \frac{p^2}{\omega_n^2}}$$

avec $\omega_n = \sqrt{50\ K_2}$ et $2\zeta = \sqrt{2/K_2}$

Le dépassement d'un deuxième ordre est de 20 % pour la valeur de ζ égale à 0,46. Cette valeur sera donc obtenue pour un gain K_2 de :

$$K_2 = 2,36 \quad \text{et alors} \quad \omega_n = 10,87 \text{ rd/s}$$

Le diagramme fonctionnel de la boucle esclave devient alors le suivant :

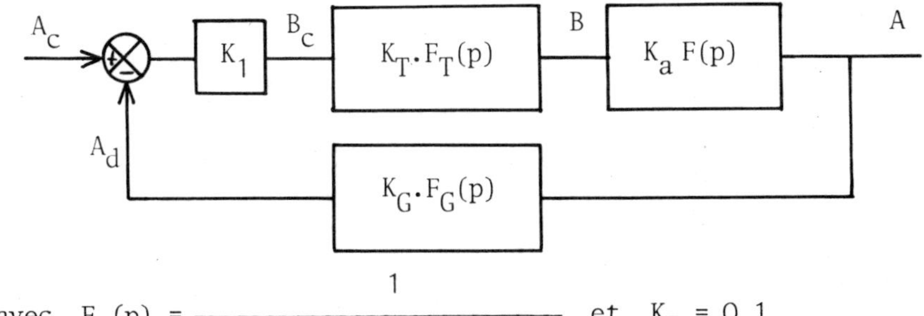

avec $$F_T(p) = \frac{1}{1 + \frac{2 \times 0,46}{10,87} p + \frac{p^2}{(10,87)^2}}$$ et $K_T = 0,1$

La fonction de transfert en boucle ouverte de cet asservissement est égale à :

$$K'.G'(p) = K_1.K_a.K_T.K_G.F(p).F_T(p).F_G(p)$$

où $$K' = K_1.K_a.K_T.K_G$$

et le diagramme fonctionnel, après réduction, devient :

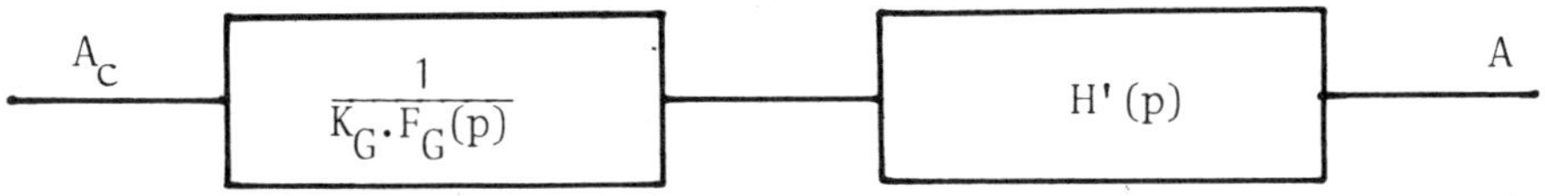

$$A_c \longrightarrow \boxed{\frac{1}{K_G . F_G(p)}} \longrightarrow \boxed{H'(p)} \longrightarrow A$$

avec $H'(p) = \dfrac{K'G'(p)}{1 + K'G'(p)}$

La fonction de transfert en boucle fermée s'écrit donc :

$$\frac{A(p)}{A_c(p)} = H(p) = \frac{1}{K_G\ F_T(p)} . H'(p)$$

Le coefficient de surtension est défini par :

$$M_p = \frac{|H(j\omega_R)|}{H(0)}$$

d'où $\qquad M_p = \dfrac{|H'(j\omega_R)|}{|F_T(j\omega_R)|} \quad$ car $\quad F_T(0) = H'(0) = 1$

Si l'on fait maintenant l'hypothèse (que l'on vérifiera a postériori) que la pulsation de résonance ω_R est faible par rapport à la pulsation naturelle de $F_T(p)$ (10,87 rd/s) alors,

$$|F_T(j\omega_R)| \# 1$$

Nous allons donc rechercher la valeur de K_1 qui conduit à une valeur $|H'(j\omega_R)|_{db} = 2,3$ db.

Le lieu de transfert $K'G'(j\omega)$ doit donc tangenter le contour 2,3 db de l'abaque de Nichols. Pour cela, on doit translater $K_aG'(j\omega)$ de - 32,5 db ; d'où :

$$(K_1\ K_T\ K_G)_{db} = -\ 32,5 \text{ db}$$

et $\qquad \boxed{K_1 = 0,0296}$

On relève sur l'abaque les valeurs des pulsations de résonance, ω_R, et de coupure à - 3 db, ω_c :

$$\boxed{\omega_R = 0,57 \text{ rd/s}} \qquad \boxed{\omega_c = 0,66 \text{ rd/s}}$$

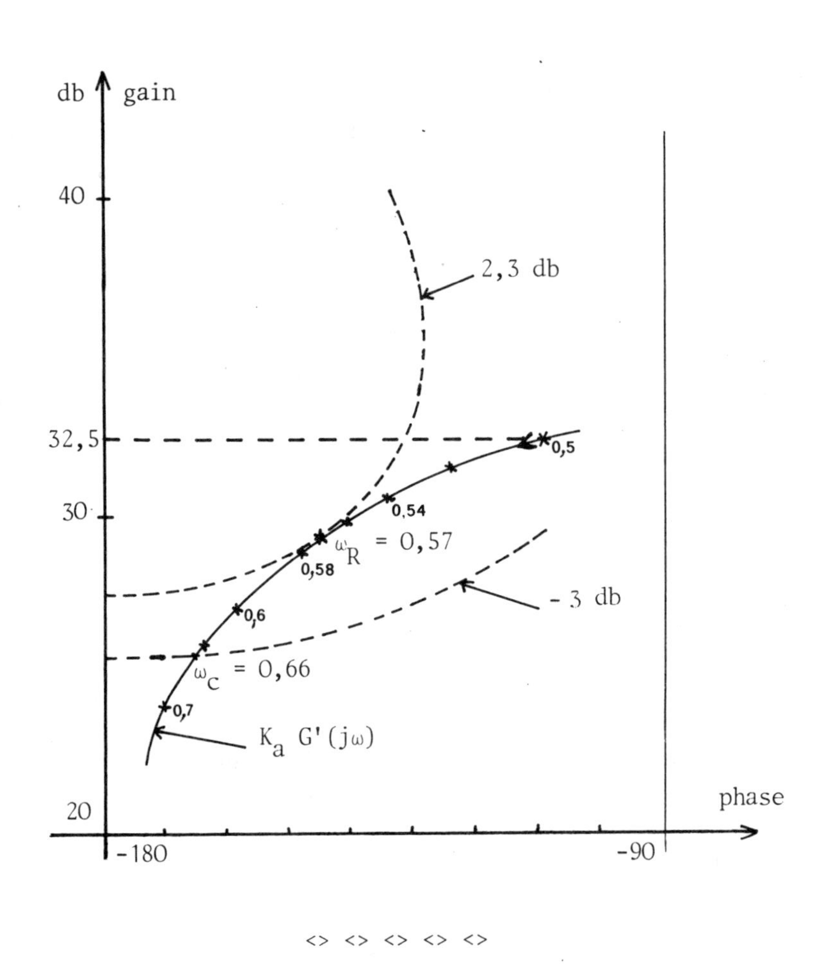

<> <> <> <> <>

1.3.4 ASSERVISSEMENT DE LA CONDUCTIVITE D'UNE SOLUTION

Une colonne d'homogénéisation remplie d'anneaux de Rachig est alimentée par le bas (voir figure), d'une part, en eau douce par une pompe, d'autre part, en solution saturée de Na Cl par une micropompe à galets dont le débit asservi est ajustable.

La grandeur à régler est la concentration en sel, c, du mélange en sortie de la colonne, la grandeur de commande est le débit de solution saturée, d, tandis que le débit d'eau douce, Q, reste constant.

La concentration en sel du mélange est, en pratique, mesurée par conductivité de la solution en sortie de la colonne, et ce, à l'aide d'une sonde à deux électrodes (type or - nickel platiné), immergée dans la colonne.

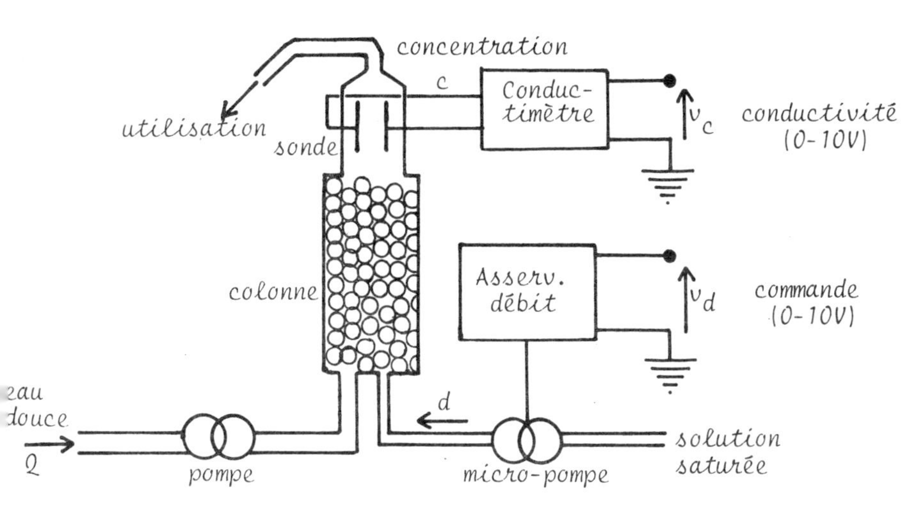

La concentration du mélange est alors représentée en sortie du conductimètre par un signal électrique continu en tension (échelle 0 - 10 Volts) : v_c. De même, la grandeur de commande est en pratique la tension v_d de consigne de l'asservissement de débit de la micro-pompe (échelle 0 - 10 Volts) comme le montre le diagramme de la figure.

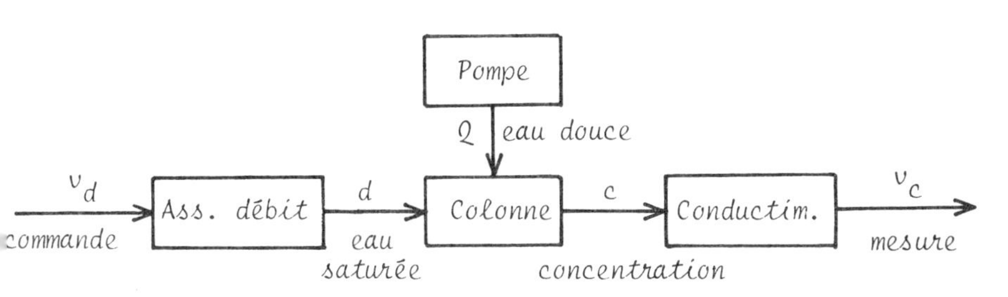

La fonction de transfert de l'ensemble a été établie sous la forme :

$$\frac{V_c(p)}{V_d(p)} = \frac{k.q\ (1 - \tau.q.p)}{(1 + \tau.q.p)\ (1 + T_1.q.p)\ (1 + T_2.p)}$$

où $k = 1$ (Volt/Volt)

$\tau = 20$ secondes, $T_1 = 60$ secondes, $T_2 = 10$ secondes

$q = Q_0/Q$, Q_0 étant le débit nominal d'eau douce.

On asservit ce système à une consigne v_r en commandant l'entrée v_d par l'écart $v_r - v_c$ amplifié par un amplificateur de gain A, ré-

glable, indépendant de la fréquence du signal qui lui est appliqué.

a) A l'aide du critère de Routh, déterminer dans le plan (A,q) le domaine de stabilité du système bouclé.

b) Retrouver pour q = 1 le résultat précédent par le critère de Nyquist.

c) Déterminer la valeur du gain A qui donne au système asservi une surtension en régime harmonique de 2,3 dB. Quelles sont alors la pulsation de résonance et la bande passante du système asservi ?

* * * * *

a) La fonction de transfert en boucle ouverte du système asservi est donc :

$$KG(p) = \frac{Aq\ (1 - 20\ qp)}{(1 + 20\ qp)\ (1 + 60\ qp)\ (1 + 10\,p)}$$

L'équation caractéristique du système en boucle fermée s'écrit :

$$(1 + Aq) + (80\,q + 10 - 20\,Aq^2)p + (1200\,q^2 + 800\,q)p^2 + 12000\,q^2\,p^3 = 0$$

Construction du tableau de Routh :

$12000.q^2$	$80.q + 10 - 20\ A.q^2$	3
$1200.q^2 + 800.q$	$1 + A.q$	2
α		1
$1 + A.q$		0

avec $\alpha = \frac{1}{12\,q + 8}\ (960.q^2 + 640.q + 80 - A(240.q^3 + 280.q^2))$

Le système sera stable si tous les éléments de la première colonne sont positifs, donc si $\alpha > 0$, c'est-à-dire si :

$$A < \frac{2(6q + 1)\ (2q + 1)}{q^2(6q + 7)}\ .\ \text{pour}\ q = 1 \quad A < 3{,}23$$

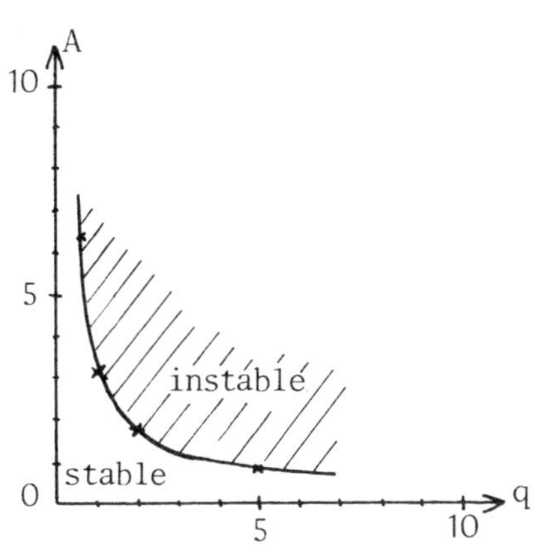

b) Pour q = 1, $KG(p) = \dfrac{A(1 - 20p)}{(1 + 20p)\ (1 + 60p)\ (1 + 10p)}$

Comme P = 0, le système en B.F. sera stable si le lieu de $KG(j\omega)$ n'entoure pas le point critique, c'est-à-dire si :

$|KG(j\omega_1)| < 1$ avec ω_1 défini par :

$$\text{Arg}\left[KG(j\omega_1)\right] = -\ 180°$$

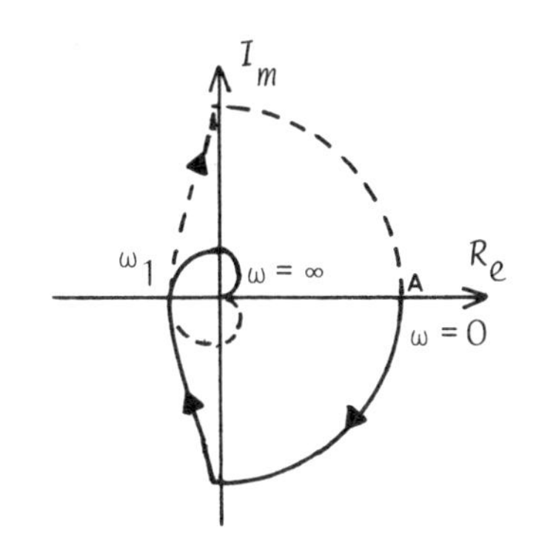

L'application numérique conduit aux résultats suivants :

$\omega_1 = 0{,}046$ rd/s et $A < 3{,}23$

c) Le tracé dans le plan de Black de $KG(j\omega)$ conduit à la figure ci-contre. La valeur du gain A pour laquelle ce lieu tangente le contour 2,3 dB est de A = 2.

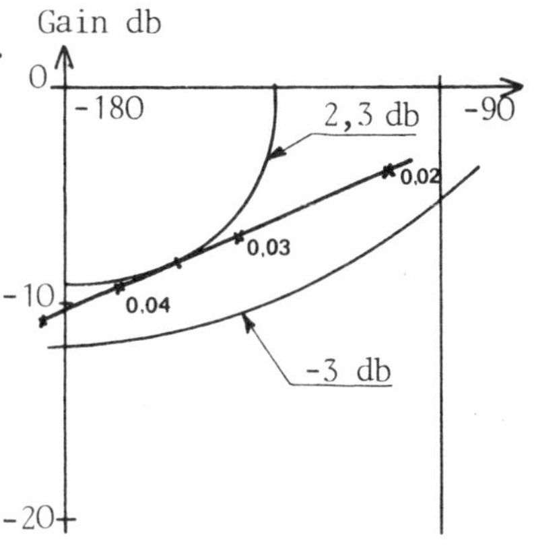

Alors la pulsation de résonance est de :

$$\omega_R \simeq 0{,}035 \text{ rd/s}$$

et la bande passante :

$$\omega_c \simeq 0{,}05 \text{ rd/s}$$

<> <> <> <> <>

1.3.5 ASSERVISSEMENT DE CAP D'UN NAVIRE

La figure présente l'asservissement de cap d'un navire.

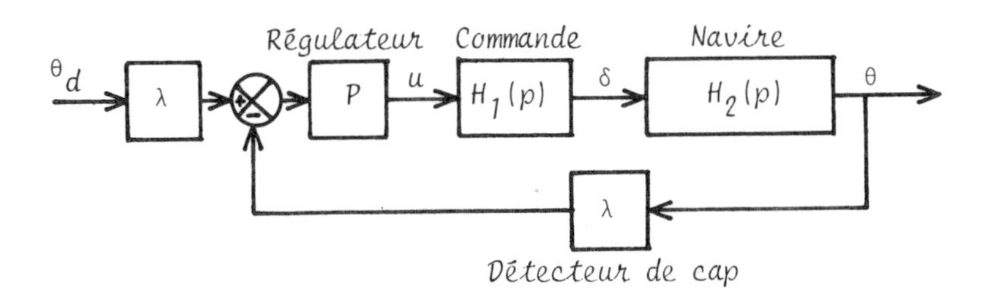

où θ est l'angle de cap du navire, θ_d la consigne d'asservissement de cap, et δ la position du gouvernail. L'organe de commande et le navire ont pour fonctions de transfert respectives :

$$H_1(p) = \frac{K_c}{1 + 2p}$$

et

$$H_2(p) = \frac{K_B(1 - 2p)}{p(1 + 5p)} \quad \text{avec} \quad K_c = \frac{\pi}{20} \text{ rd/volt,}$$

$K_B = 0{,}05$ *rd/rd/s* λ *est égal à* $10/2\pi$ *volts/rd*

On désire régler l'action P du régulateur proportionnel.

a) En utilisant le critère de Nyquist, déterminer les valeurs de P pour lesquelles le système bouclé est stable.

b) Tracer, lorsque P varie de zéro à l'infini, le lieu des pôles du système asservi.

c) En déduire la valeur de P pour laquelle la réponse de l'asservissement de cap est non oscillatoire et la plus rapide possible.

* * * * *

a) La fonction de transfert en boucle ouverte du système s'écrit :

$$KG(p) = \frac{K\ (1 - 2p)}{p\ (1 + 2p)\ (1 + 5p)} \quad \text{avec} \quad K = \lambda K_C K_B P = 0{,}0125\, P$$

Si le point -1 n'appartient pas à OA, N = 0, P = 0, donc Z = 0, système stable, sinon N = - 2 donc Z = 2, le système en boucle fermée est instable.

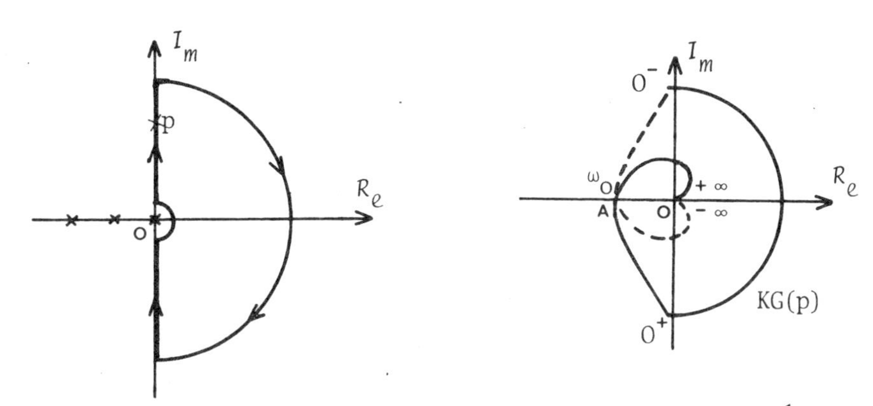

Pulsation ω_o : phase de $1 + KG(j\omega_o) = -180°$ => $\omega_o = \frac{1}{\sqrt{24}}$ rd/s

Gain K_o pour lequel le lieu passe par le point -1 : $|K_o G(j\omega_o)| = 1$ => $K_o = \frac{7}{24}$. Donc si P < 23,3, le système en B.F. est stable.

b)

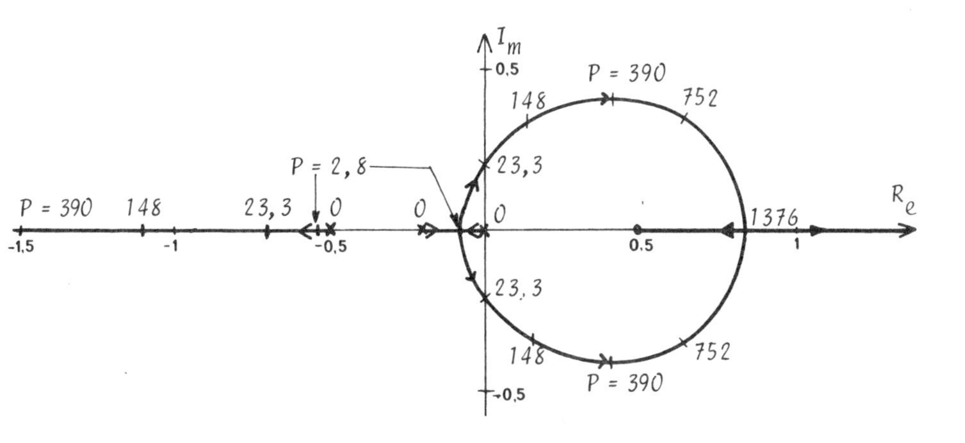

c) On lit sur le lieu d'Evans : P = 2,8.

<> <> <> <> <>

1.3.6 *ASSERVISSEMENT DE L'ASSIETTE D'UN AVION*

La fonction de transfert entre l'angle de braquage du gouvernail de profondeur b(t) et l'assiette d'un avion (angle a(t) avec l'horizontale) a été déterminée comme étant :

$$F(p) = \frac{A(p)}{B(p)} = \frac{3\ (1 + 5p)}{p\ (1 + 2,4p + 4p^2)}$$

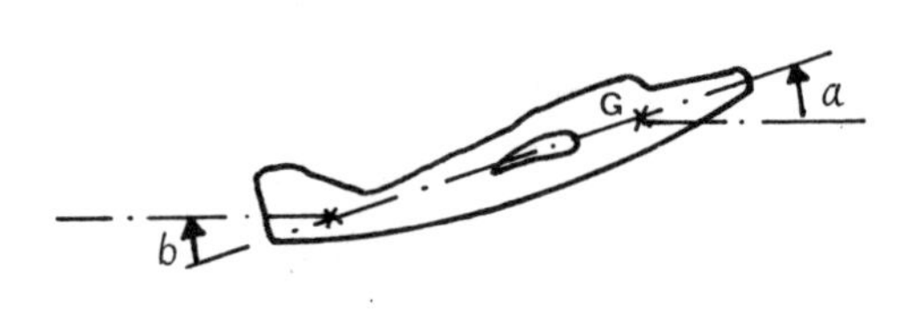

Le système asservi de gouverne comporte les dispositifs suivants :

- un détecteur d'assiette (gyroscope) qui fournit un signal électrique proportionnel à l'assiette réelle et dont les dynamiques sont supposées très rapides par rapport à celles de l'avion :

$$F_d(p) = K_d \quad \text{avec} \quad K_d = 8\ V/rad$$

- un amplificateur dont on suppose le gain A (réglable) indépendant de la fréquence dans la bande passante du système.

- un système de commande électrique du gouvernail dont la fonction de transfert est :

$$F_a(p) = \frac{K_a}{1 + 2p} \quad \text{avec} \quad K_a = 0,05\ rad/V$$

a) Construire le diagramme fonctionnel du système asservi.

b) En utilisant le critère de Routh, déterminer les valeurs de A pour lesquelles le système bouclé est stable.

c) Retrouver le résultat de la question b) en utilisant le critère de Nyquist.

d) Tracer le lieu des pôles de la fonction de transfert en boucle fermée lorsque A varie de zéro à l'infini.

* * * * *

a) Notons KG(p) la fonction de transfert en boucle ouverte :

$$KG(p) = (A.K_a.K_d.3)\ \frac{1 + 5p}{p(1 + 2,4p + 4p^2)}$$

$$K = 3A.K_a.K_d = 1,2.A$$

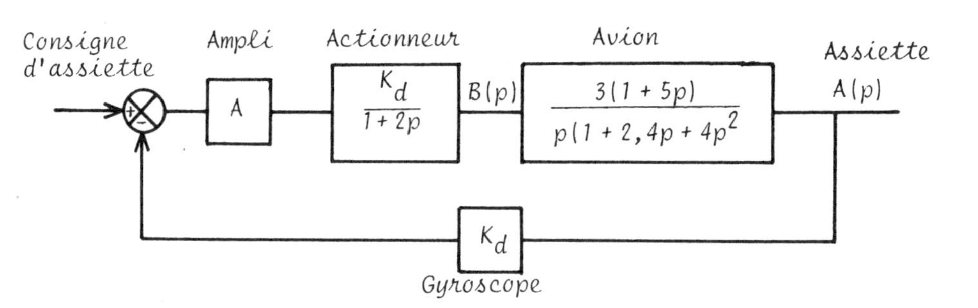

b) L'équation caractéristique de la fonction de transfert en boucle fermée s'écrit :

$$80\ p^4 + 88\ p^3 + 44\ p^2 + (10 + 60\ A)p + 12\ A = 0$$

Construisons le tableau de Routh :

80	44	12A	4
88	(10+60A)		3
α	12A		2
β			1
12A			0

où $\alpha = \dfrac{3072 - 4800\,A}{88}$

et $\beta = \dfrac{30720 + 43392K - 240000K^2}{3072 - 4800\,A}$

Le système en B.F. est stable s'il n'y a pas de changement de signe dans la première colonne du tableau, donc pour :

$\alpha > 0$ c.a.d. $A < 0{,}64$

et $\beta > 0$ c.a.d. $\boxed{A < 0{,}411}$

c) Critère de Nyquist :

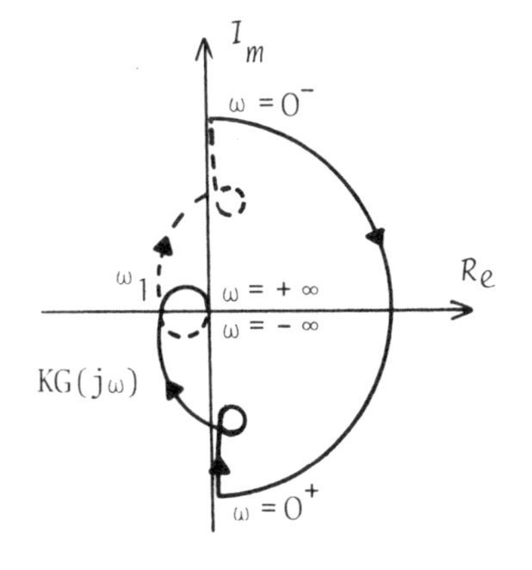

Le nombre de pôles de KG(p) à partie réelle positive est nul, donc si $|KG(j\omega_1)| < 1$ (avec ω_1 défini par : $\text{Arg}(KG(j\omega_1)) = -\ 180°$).
Le lieu de KG(jω) n'entoure pas le point critique et le système en B.F. est stable. Il est instable dans le cas contraire. Calculons successivement ω_1, puis $|KG(j\omega_1)|$:

$$\text{Arg}(KG(j\omega_1)) = \text{Arctg } 5\omega_1 - \frac{\pi}{2} - \text{Arctg } 2\omega_1 - \text{Arctg } \frac{2,4\ \omega_1}{1-4\ \omega_1}$$

$$= -\pi$$

$$40\ \omega_1^4 - 13,2\ \omega_1^2 - 1 = 0$$

d'où $\omega_1 = 0,627$ et $\left|KG(j\omega_1)\right| = \frac{K}{0,493}$

Le système en B.F. est stable pour $\frac{K}{0,493} < 1$ soit :

$$\boxed{A < 0,411}$$

d) Lieu d'Evans :

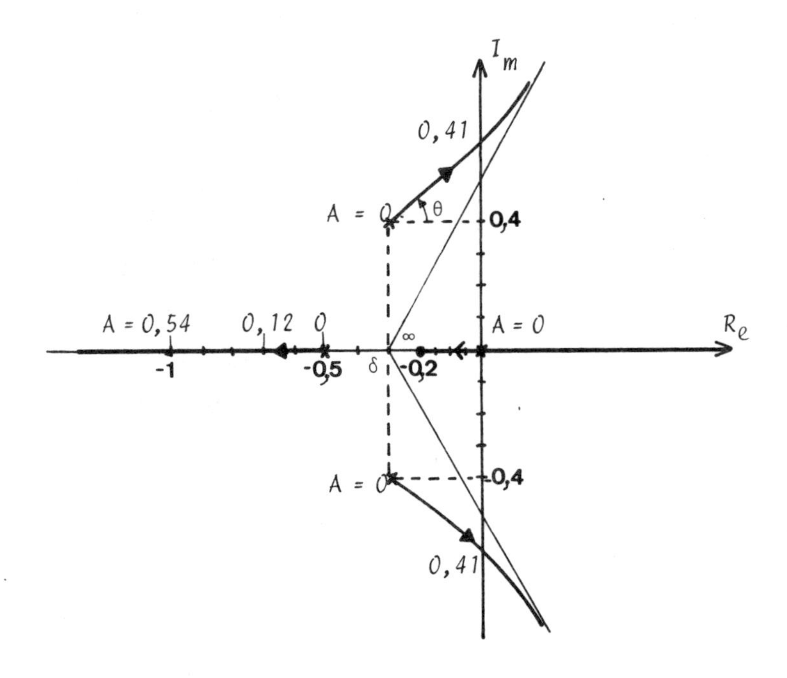

Les 3 asymptotes sont concourantes en un point δ de l'axe R_e :

$$\delta = \frac{(-0,5-0,3-0,3)\ -\ (-0,2)}{4\ -\ 1} = -\ 0,3$$

La tangente au point de départ $0,3 + 0,4\ j$ est définie par :

$$\theta = \text{Arctg } \frac{6}{7}$$

<> <> <> <> <>

1.4 PRECISION ET CORRECTION DES SYSTÈMES ASSERVIS

1.4.1 Soit le système asservi de la figure où le premier bloc diagramme représente un amplificateur de gain réglable A et le deuxième le processus à asservir, de fonction de transfert :

$$KG(p) = \frac{0,1\ (1 + 0,2p)}{p(1 + p)\ (1 + 0,1p)\ (1 + 0,5p)}$$

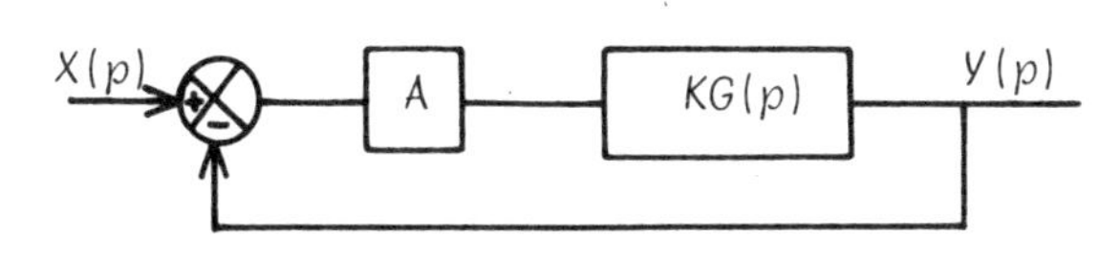

a) Après avoir tracé dans le plan de Bode les approximations asymptotiques des courbes de gain et de phase de KG(p), déterminer, à l'aide du critère de Nyquist, la valeur de A pour laquelle le système en boucle fermée devient instable.

b) Régler le gain A de l'ampli pour que l'amortissement du 2ème ordre équivalent au système en boucle fermée soit de 0,40. Quelles sont alors la pulsation de résonance et la bande passante à - 3 db.

c) Avec la valeur de A précédente, calculer l'erreur finale pour une entrée en échelon, puis pour une entrée en rampe.

* * * * *

a) Les approximations asymptotiques conduisent aux courbes de gain et de phase dans le plan de Bode suivantes :

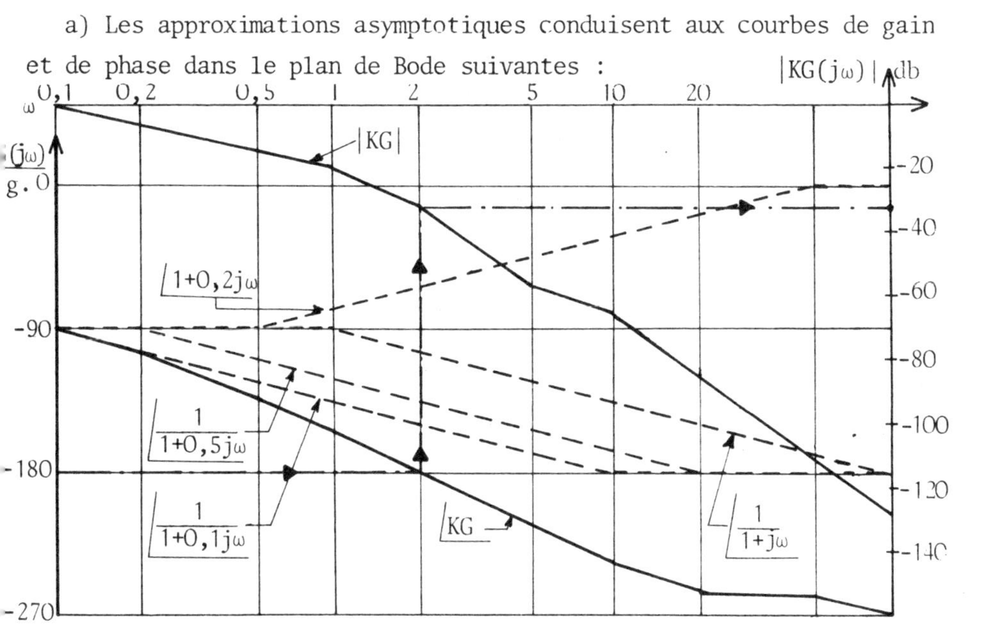

Donc l'allure du lieu de transfert dans le plan de Nyquist sera de la forme : (figure ci-contre).

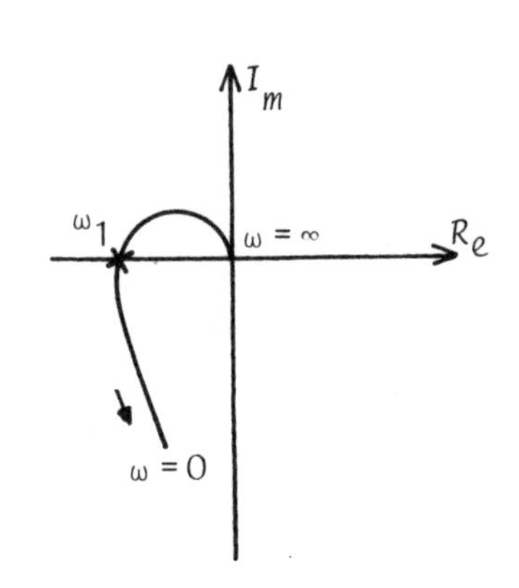

Pour étudier la stabilité de la fonction de transfert AKG(p) (qui présente un pôle à l'origine), on utilise le critère de Nyquist avec le contour ci-dessous :

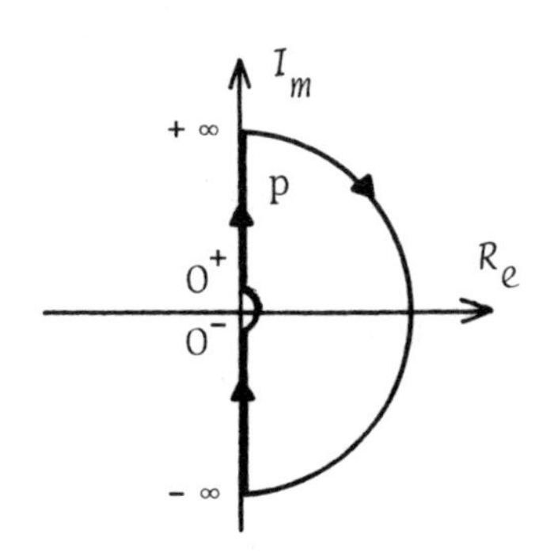

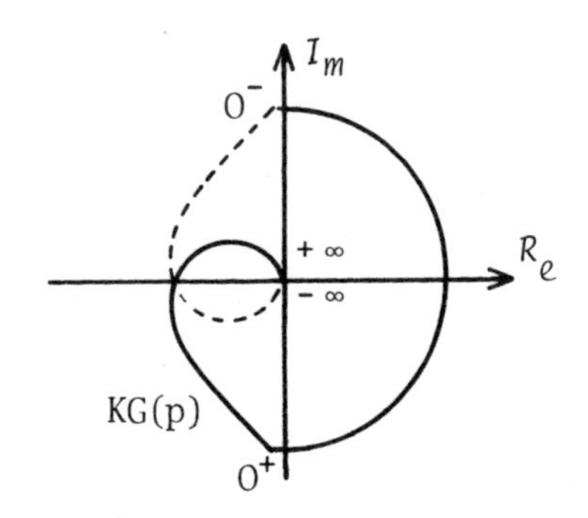

Comme le nombre de pôles à partie réelle positive est nul, le système en boucle fermée sera stable si :

$AK\ |G(j\omega_1)| < 1$ avec ω_1 défini par $\text{Arg}\ (G(j\omega_1)) = -\ 180°$

Sur la courbe de phase, on relève $\omega_1 \simeq 2$ rd/s, et à cette pulsation, $|KG(j\omega_1)| \simeq 0,025$ (- 32 db).

Donc le système sera stable si $\boxed{A < 40}$

b) Réglage du gain A

La surtension d'un système du deuxième ordre d'amortissement ζ répond à :

$$M_p = \frac{1}{2\zeta\sqrt{1-\zeta^2}}$$

Donc si $\zeta = 0,4$, alors $M_p = 2,7$ dB (1,36).

Pour faire tangenter le lieu de transfert de $KG(j\omega)$ au contour 2,7 dB, il faut le translater verticalement de 18 dB, donc :

$$\boxed{A = 7,94}$$

La pulsation de résonance est alors de :

$$\omega_r = 0,65 \text{ rd/s}$$

et la bande passante :

$$\omega_c = 1,08 \text{ rd/s}$$

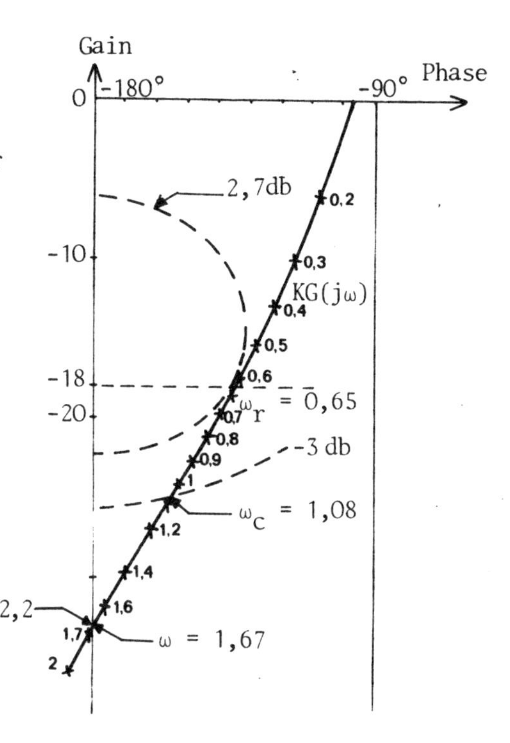

c) Erreur finale

Comme le système en boucle ouverte est de classe 1, l'erreur finale pour une entrée en échelon est nulle.

Pour une entrée en rampe de la forme $x(t) = v.t$ (où v est constant), l'erreur finale répond à :

$$\varepsilon(\infty) = \frac{v}{AK} = 1,26.v$$

<> <> <> <> <>

1.4.2 Le lieu de transfert $\frac{K}{j\omega} F(j\omega)$ (relevé au transféromètre) d'un système en boucle ouverte est donné par le tableau (page suivante).

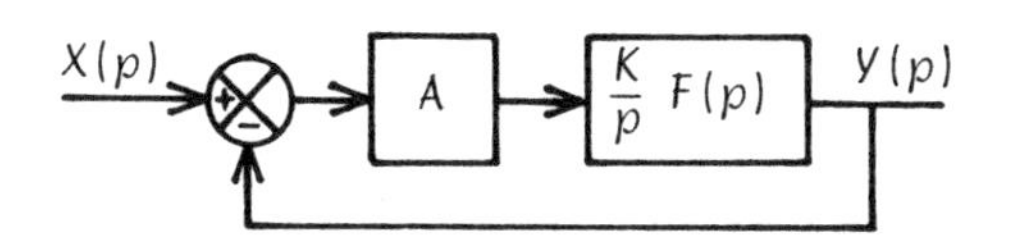

ω (rd/s)	$\left\lvert \frac{K}{j\omega} F \right\rvert$ db	$\angle \frac{K}{j\omega} F$ °
0,1	- 0,05	- 98,0
0,2	- 6,22	- 105,9
0,3	- 10,00	- 113,5
0,4	- 12,84	- 120,8
0,5	- 15,17	- 127,8
0,6	- 17,23	- 134,8
0,7	- 19,07	- 140,3
0,8	- 20,77	- 145,9
0,9	- 22,36	- 151,1
1	- 23,85	- 155,9
1,1	- 25,27	- 160,4
1,2	- 26,61	- 164,5
1,4	- 29,12	- 171,8
1,6	- 31,43	- 178,0
1,7	- 32,51	- 180,8
2	- 35,55	- 187,9

On réalise le système asservi de la figure où A est un amplificateur de gain réglable.

a) Tracer le lieu de transfert du système en boucle ouverte dans le plan de Black.

b) F(p) ne présente ni pôle, ni zéro à partie réelle positive. Déterminer par le critère du revers les valeurs de A pour lesquelles le système asservi est stable.

c) Régler le gain A pour que la surtension du système bouclé soit de 2,3 db. Quelles sont alors la pulsation de résonance et la bande passante à - 3 db.

d) On donne K = 0,1. Avec la valeur de A déterminée précédemment, calculer l'erreur finale pour un échelon de consigne (amplitude unité), puis pour une consigne en rampe (pente unité).

* * * * *

a) Lieu de transfert :

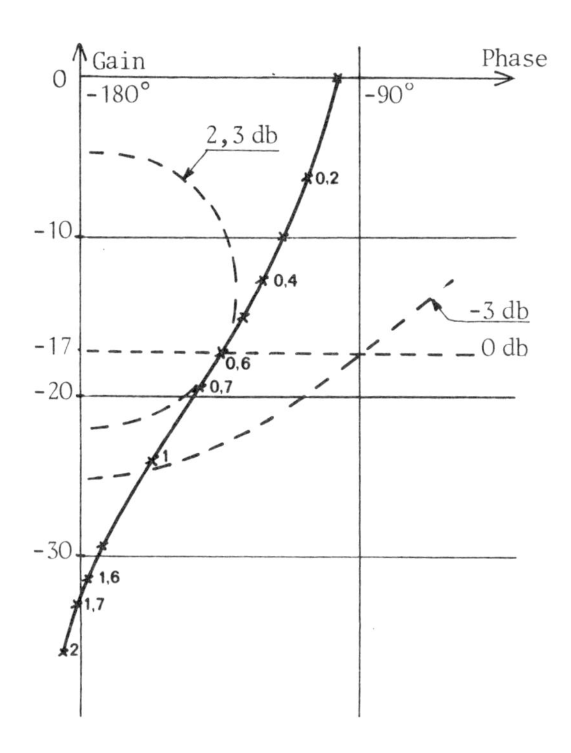

b) Stabilité

Le système asservi sera stable si le lieu de transfert en boucle ouverte passe au-dessous du point -1 (dans le plan de Black) lorsqu'on parcourt ce lieu dans le sens des ω croissants.

Le système sera donc stable pour toute valeur de A (en dB) telle que :

$$A < 32 \text{ dB} \quad \text{c.à.d.} \quad A < 40$$

c) Pour que le lieu de transfert tangente le contour 2,3 dB de l'abaque de Nichols, il faut le déplacer de 17 dB.

Donc :

$$A = 17 \text{ dB} \quad \text{c.à.d.} \quad A = 7{,}08$$

La valeur de ω au point de contact avec le contour donne la pulsation de résonance : $\boxed{\omega_r = 0{,}65 \text{ rd/s}}$ et l'intersection avec le contour - 3 dB, la pulsation de coupure : $\boxed{\omega_c = 1{,}03 \text{ rd/s}}$

d) Comme le système est de classe 1, l'erreur finale pour un échelon de consigne est nulle, celle pour une entrée en rampe (pente unité) s'écrira :

$$\text{erreur} = \frac{1}{AK} = 1{,}41$$

1.4.3 ETUDE D'UN ASSERVISSEMENT DE VITESSE

La figure ci-dessous présente le schéma de régulation de la vitesse d'un moteur M. La consigne de vitesse est représentée par une tension e_r réglée par un potentiomètre et la vitesse effective du moteur est relevée par une génératrice tachymétrique G_t sous la forme d'une tension e_t. L'erreur $e_r - e_t$ amplifiée sert à exciter la génératrice G du groupe Ward - Léonard. Cette génératrice est entraînée à la vitesse constante de 1500 t/mn par un moteur asynchrone.

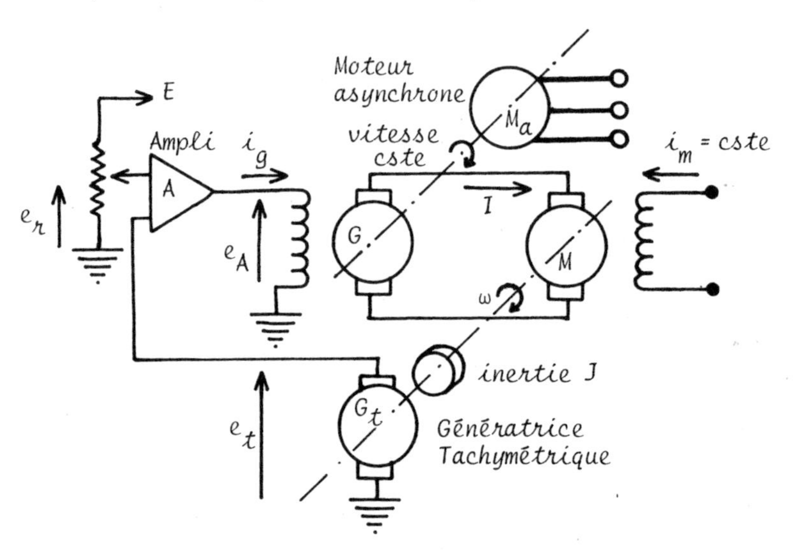

Les caractéristiques des différents organes sont les suivantes :

- Amplificateur : Gain A réglable indépendant de la fréquence du signal d'entrée. Impédance d'entrée infinie, impédance de sortie nulle.
- Moteur (M) :

  inducteur : résistance $R_m = 20\ \Omega$, inductance $L_m = 6,5$ H

  induit : résistance $r_m = 0.85\ \Omega$, inductance $\ell_m = 12.10^{-3}$ H

  Pour le courant d'excitation i_m (constant) utilisé, la constante du moteur est $K_m = 0,5$ m.N/A (ou V/rd/s).

- Génératrice (G) :

  inducteur : résistance $R_g = 25\ \Omega$, inductance $L_g = 10$ H

  induit : résistance $r_g = 0,75\ \Omega$, inductance $\ell_g = 8.10^{-3}$ H

  caractéristique à vide $e_g = e_g(i_g)$: voir figure

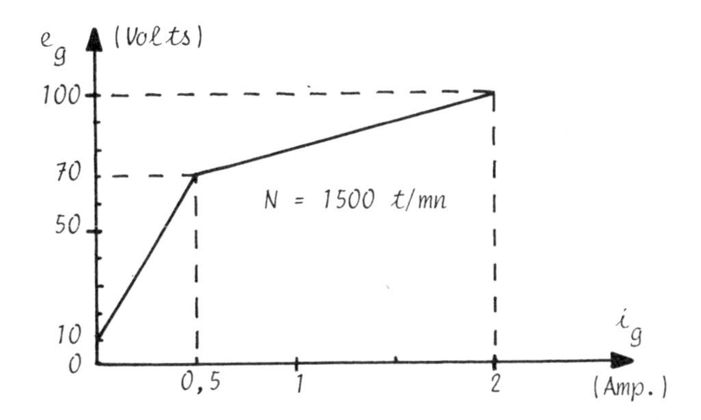

- *Génératrice tachymétrique* (G_t) : *Elle délivre une tension proportionnelle à la vitesse angulaire :*

$$e_t = K_t \, \omega \quad \text{avec} \quad K_t = 0,1 \ V/rd/s$$

- *L'inertie totale ramenée sur l'arbre moteur est* $J = 5.10^{-3} kg \ m^2$.

a) Etude en boucle ouverte.

- *Quelle doit être la tension de sortie* e_{Ao} *de l'amplificateur pour que le groupe puisse fournir un couple utile* $C_{uo} = 2,5$ N.m *à la vitesse* $\omega_o = 150$ rd/s *(on négligera les frottements).*

L'amplificateur délivrant la tension e_{Ao} *calculée précédemment, le couple utile* C_u *varie dans la proportion de 10 %. Chiffrer en pourcentage la variation correspondante de la vitesse* ω.

b) Etude en boucle fermée.

On envisage maintenant des variations assez faibles de la vitesse ω *et du couple* C_u, *autour des valeurs nominales* ω_o *et* C_{uo}, *pour que l'on puisse considérer le système comme linéaire.*

En notant $E_r(p)$ *la transformée de Laplace de* $e_r(t) - e_{ro}$ *(où* e_{ro} *est la valeur nominale de* e_r*) et de même pour* $C_u(p)$, $\Omega(p)$ *et* $E_t(p)$, *montrer que le diagramme fonctionnel du système bouclé peut se mettre sous la forme suivante :*

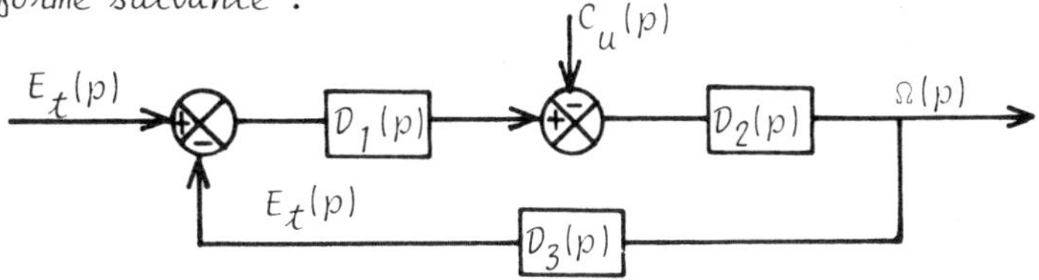

Préciser les expressions littérales et numériques de $D_1(p)$, $D_2(p)$ et $D_3(p)$.

c) En utilisant le critère de Routh, étudier la stabilité du système asservi en fonction de A.

d) Soit KG(p) la fonction de transfert en boucle ouverte :

$$KG(p) = D_1(p).D_2(p).D_3(p)$$

Construire dans le plan de Black le lieu de transfert de $G(j\omega)$. On désire avoir une marge de gain et une marge de phase aussi faibles que possible, mais en aucun cas inférieures respectivement à 10 db et 45° ; quelle valeur du gain A doit-on afficher sur l'amplificateur ?

e) Pour la valeur du gain calculée précédemment, déterminer :

- en régime harmonique : la surtension M_p, la pulsation de résonance ω_R et la bande passante à - 3 db : ω_c

- en régime permanent : l'écart $\varepsilon = e_r - e_t$ au point de fonctionnement nominal et la variation de cet écart $\Delta\varepsilon$ qui résulte d'une variation Δe_r de la consigne autour de son régime nominal. La variation de vitesse pour une variation du couple utile égale à 10 % de C_{uo}.

* * * * *

a) Calcul de la tension e_{Ao} et de la variation de vitesse ω :

En notant e_m la force contre-électromotrice du moteur et C_m le couple moteur, les équations du système en boucle ouverte sont les suivantes :

$$\begin{cases} e_A = R_g\, i_g + L_g \dfrac{di_g}{dt} \\ e_g = e_m + r_t\, I + \ell_t \dfrac{dI}{dt} \quad \text{avec} \quad \begin{matrix} r_t = r_m + r_g = 1{,}6\ \Omega \\ \ell_t = \ell_m + \ell_g = 20\ \text{H} \end{matrix} \\ e_m = K_m\, \omega \\ C_m = C_u + J \dfrac{d\omega}{dt} \\ C_m = K_m\, I \end{cases}$$

Au régime nominal :

$I_o = C_{uo}/K_m = 5$ A ; $e_{mo} = K_m\,\omega_o = 75$ V ; $e_{go} = e_{mo} + r_t\,I_o = 83$V

d'après la caractéristique à vide, $i_{go} = 1{,}15$ et donc :

$$e_{Ao} = R_g\ i_{go} = 28{,}75 \text{ Volts}$$

Si C_u varie de 10 %, alors $\Delta I/I_o = \Delta C_u/C_{uo} = 0{,}1$

Comme e_A est maintenu constant (en boucle ouverte), i_g et e_g restent également constants, donc $\Delta e_m = -\ r_t.\Delta I$.

D'où $\dfrac{\Delta e_m}{e_{mo}} = -\ r_t\,\dfrac{I_o}{e_{mo}}\,\dfrac{\Delta I}{I_o} = -\ 0{,}01066$

Comme $\Delta\omega/\omega_o = \Delta e_m/e_{mo}$, la variation de la vitesse ω est de 1,066 %.

b) Diagramme fonctionnel :

Après transformation de Laplace, les équations du système asservi (autour du régime nominal) deviennent :

$$\begin{cases} E_A = A\ (E_r - E_t) \\ E_A = (R_g + L_g\,p)\ I_g \\ E_g = E_m + (r_t + \ell_t p)\ I \\ E_m = K_m\ \Omega \\ C_m = C_u + Jp\ \Omega \\ C_m = K_m\ I \\ E_t = K_t\ \Omega \\ E_g = K_g\ I_g \end{cases}$$

où K_g est la pente de la caractéristique à vide de la génératrice autour du point de fonctionnement nominal, donc $K_g = 20$.

Le diagramme fonctionnel est donc le suivant :

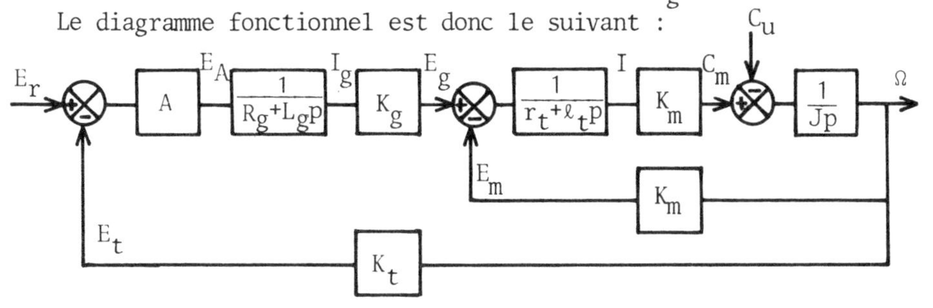

Après réduction, le diagramme fonctionnel devient celui de l'énoncé avec :

$$D_1(p) = \frac{A\ K_g\ K_m}{(R_g + L_g p)\ (r_t + \ell_t p)} = \frac{0,25\ A}{(1 + 0,4p)\ (1 + 0,0125p)}$$

$$D_2(p) = \frac{r_t + \ell_t p}{K_m^2 + J r_t p + J \ell_t p^2} = 6,4\ \frac{1 + 0,0125p}{1 + 0,032p + 4.10^{-4} p^2}$$

$$D_3(p) = K_t = 0,1$$

c) Stabilité du système asservi :

La fonction de transfert en boucle ouverte s'écrit :

$$KG(p) = \frac{K}{(1 + 0,4p)\ (1 + 0,032\,p + 4.10^{-4} p^2)} \quad \text{avec} \quad K = 0,16\,A$$

et celle en boucle fermée :

$$H(p) = \frac{K}{(K+1) + 0,432\,p + 0,0132\,p^2 + 1,6.10^{-4} p^3}$$

Le tableau de Routh est le suivant :

$1,6.10^{-4}$	$0,432$	3
$0,0132$	$K + 1$	2
$\alpha = 0,432 - \dfrac{1,6.10^{-4}(K+1)}{0,0132}$		1
$K + 1$		0

Pour que tous les termes de la 1ère colonne soient positifs, il suffit que $\alpha > 0$, donc que $K < 34,64$, c'est-à-dire : $A < 216,5$.

d) Construction du lieu de transfert $G(j\omega)$ (voir figure page suivante).

Si on translate la courbe $G(j\omega)$ de 21 dB, on obtient une marge de gain de 10 dB et une marge de phase de 50°.

La valeur maximum admissible de K est donc de 21 dB, soit 11,22, et le gain correspondant de l'amplificateur sera de A = 70,215.

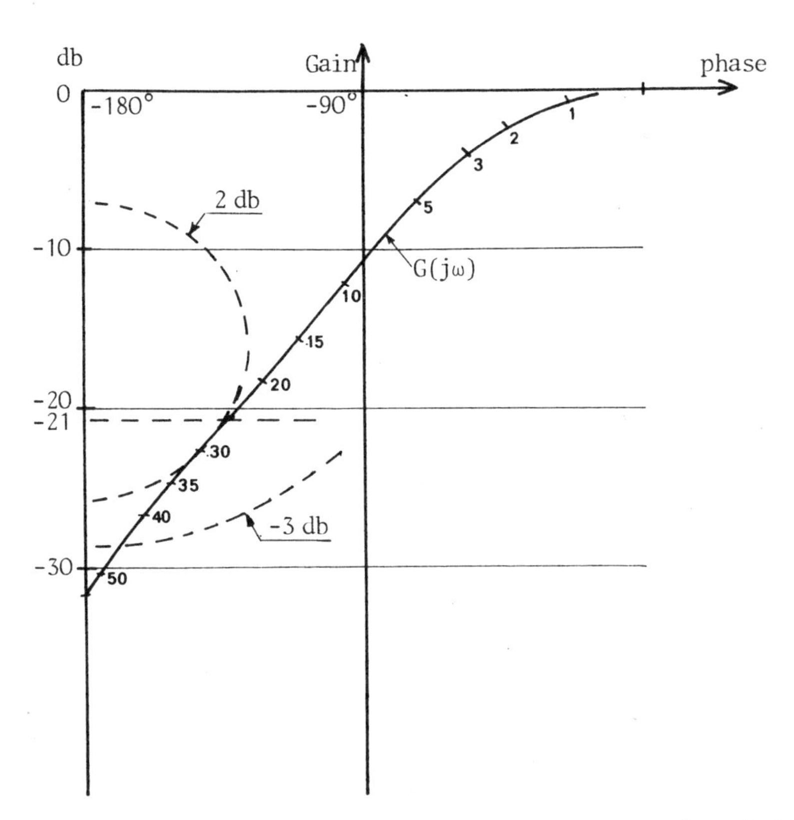

e) En régime harmonique : On lit sur le lieu de transfert à l'aide de l'abaque de Nichols :

$$M_p = 2 \text{ dB}, \quad \omega_R = 29 \text{ rd/s} \quad \text{et} \quad \omega_c = 45 \text{ rd/s}$$

En régime permanent : Au point de fonctionnement nominal,

$$e_{Ao} = 28{,}75 \text{ V} \quad \text{donc} \quad \varepsilon = e_{ro} - e_{to} = e_{Ao}/A = 0{,}41$$

Le système étant de classe 0, $\Delta\varepsilon = \frac{\Delta e_r}{1+K}$, d'où : $\boxed{\Delta\varepsilon = 0{,}0818\ \Delta e_r}$

En régime statique, on a le diagramme suivant :

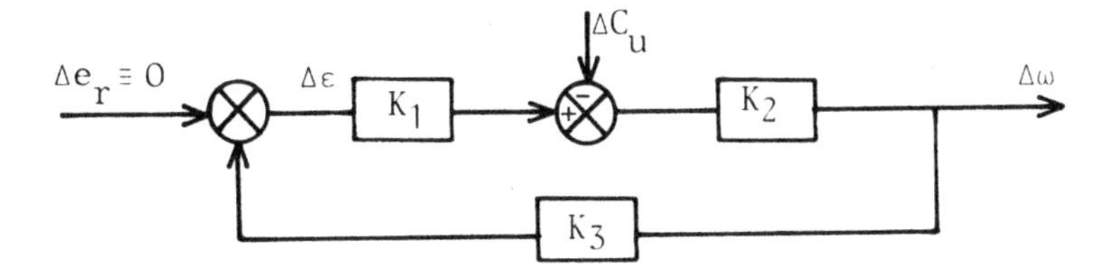

$$\frac{\Delta\omega}{\Delta C_u} = \frac{K_2}{1 + K_1K_2K_3} = 0,5237$$

Comme $\Delta C_u = 0,1\ C_{uo} = 0,25$ alors $\Delta\omega = 0,1309$

et
$$\frac{\Delta\omega}{\omega_o} = 0,0873\ \%$$

<> <> <> <> <>

1.4.4 On considère le système asservi dont la fonction de transfert en boucle ouverte est :

$$KG(p) = K\,\frac{1 + 2p}{p[1 + 0,5p + (0,5p)^2]}$$

a) Déterminer K pour que ce système en boucle fermée présente une surtension de 4 dB. En déduire la pulsation de résonance, la bande passante à - 3 dB, la marge de gain et la marge de phase, l'erreur statique à une entrée en échelon, l'erreur statique à une entrée en rampe.

b) Pour améliorer l'erreur statique à une entrée en rampe, on se propose d'introduire dans la chaîne directe de l'asservissement le correcteur suivant :

$$G_c(p) = \frac{1 + 0,16p}{1 + 0,053p}$$

Déterminer la nouvelle valeur de K qui conduise à la même surtension de 4 dB. En déduire les nouvelles pulsations de résonance et erreur statique à une entrée en rampe.

* * * * *

a) D'après la figure page suivante,

$K = 1,15$ dB $= 1,19$

$\omega_r = 3,7$ rd/s

$\omega_b = 5,1$ rd/s

Marge de gain : infinie

Marge de phase : 40°

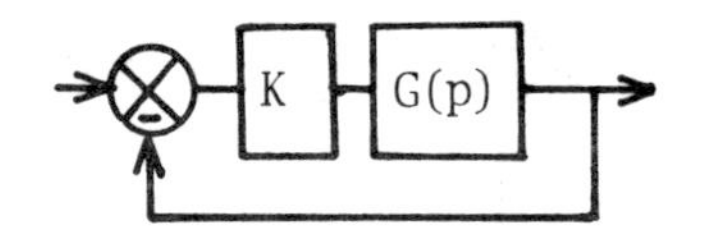

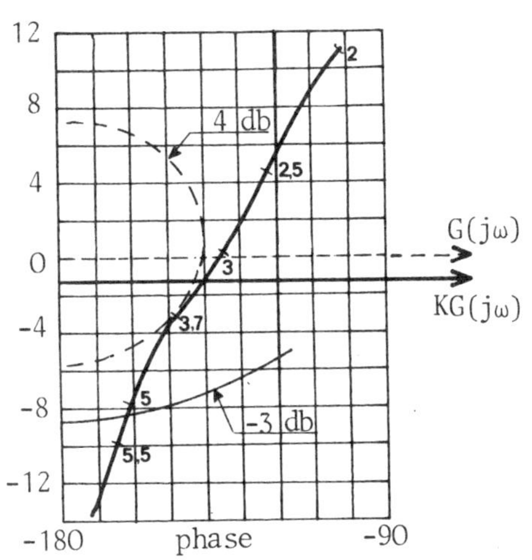

Erreur statique à une entrée en échelon = 0.

Erreur à une entrée en rampe Vt égale à :

$$\frac{V}{K} = \frac{V}{1,19}$$

b) Pour que le système corrigé admette, en BF, une surtension de 4 dB, il faut que :

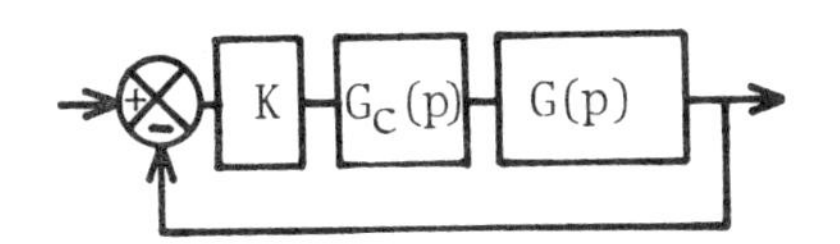

K = 10 dB = 3,16

ω_r = 6 rd/s

Erreur statique à une entrée en échelon = 0.

Erreur à une entrée en rampe Vt égale à :

$$\frac{V}{K} = \frac{V}{3,16}$$

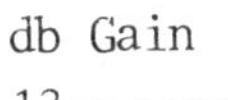

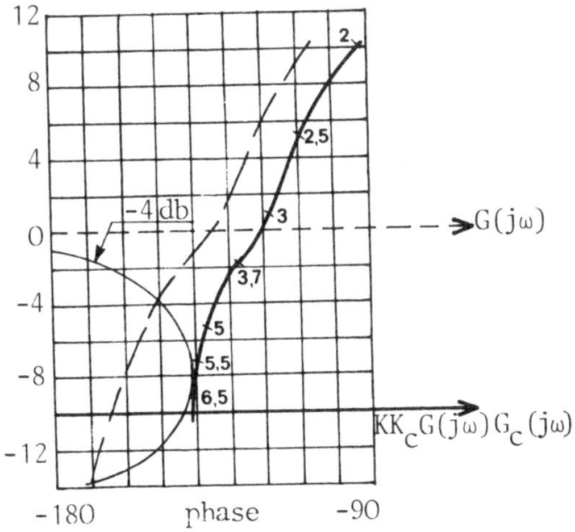

<> <> <> <> <>

1.4.5 MELANGEUR

On étudie un mélangeur d'eau pure et de produit concentré.

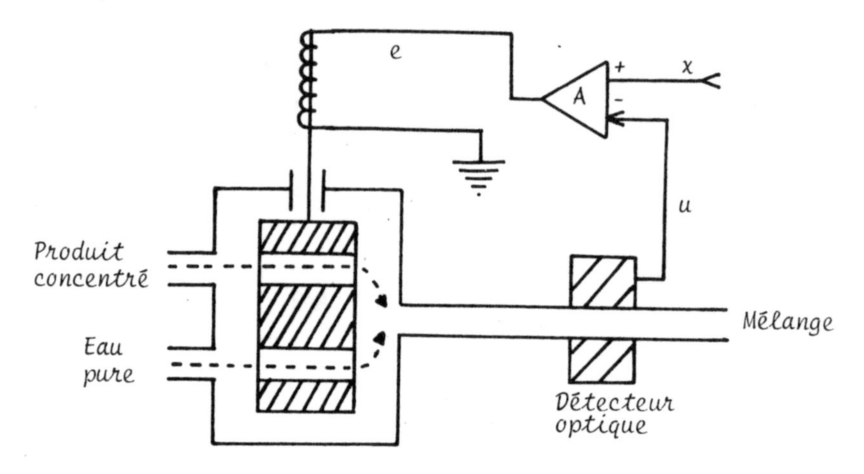

La concentration est mesurée par un détecteur optique qui délivre une tension électrique u, proportionnelle à la concentration. La concentration du mélange est réglée par la position d'une électrovanne.

La fonction de transfert de ce processus a été identifiée comme étant de la forme :

$$\frac{U(p)}{E(p)} = \frac{0,5\ (1 - 0,1p)}{(p^2 + 5p + 25)\ (1 + 0,1p)}$$

a) On désire assservir u à une consigne x et, pour cela, on insère dans le système un comparateur de gain A réglable qui construit $e = A(x - u)$.

Déterminer le gain A qui conduise à une surtension en BF de 3 db. Quelle est l'erreur statique à une consigne en échelon ?

b) Pour réduire cette erreur statique tout en gardant la même surtension, on introduit dans la chaîne directe de cet asservissement un correcteur de fonction de transfert :

$$G_c(p) = \frac{1 + 0,5p}{1 + 10\,p}$$

Quelles sont alors les nouvelles valeurs du gain A et de l'erreur statique ?

* * * * *

a) Le diagramme fonctionnel de l'asservissement peut se mettre sous la forme ci-contre, avec : $K = 0{,}02\ A$ et

$$G(p) = \frac{25\,(1 - 0{,}1p)}{(p^2+5p+25)\,(1+0{,}1p)}$$

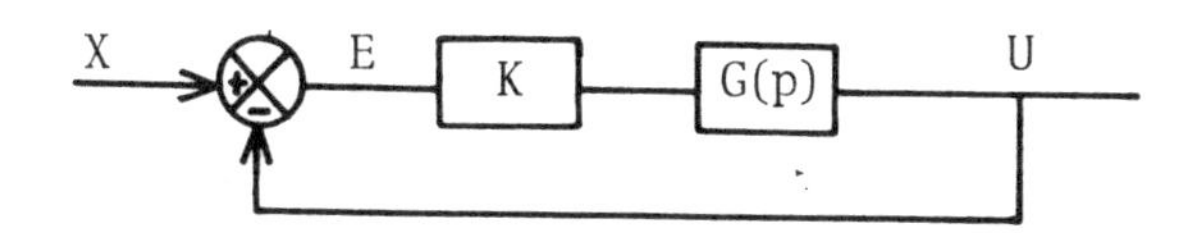

Le tracé de G(p) tangente le contour 3 dB pour $K = -2{,}5\ \text{dB} = 0{,}75$, donc $A = 37{,}5$.

L'erreur statique à une entrée en échelon unitaire égale :

$$\frac{1}{1+K} = 0{,}57 = 57\ \%$$

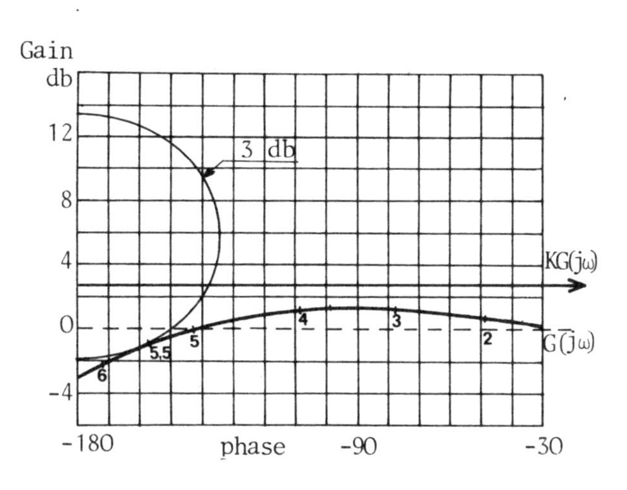

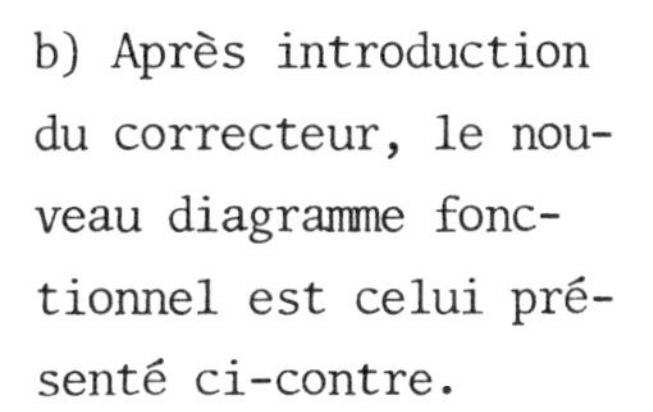
b) Après introduction du correcteur, le nouveau diagramme fonctionnel est celui présenté ci-contre.

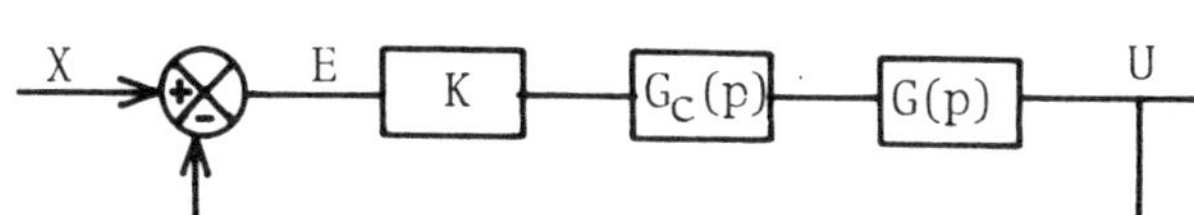

Après tracé de $KG(p)G_c(p)$, le système en BF admettra une surtension de 3 dB pour $K = 21{,}2\ \text{dB} = 12$, donc $A \simeq 600$.

L'erreur statique à une entrée en échelon unitaire égale :

$$\frac{1}{1+K} = 0{,}08 = 8\ \%$$

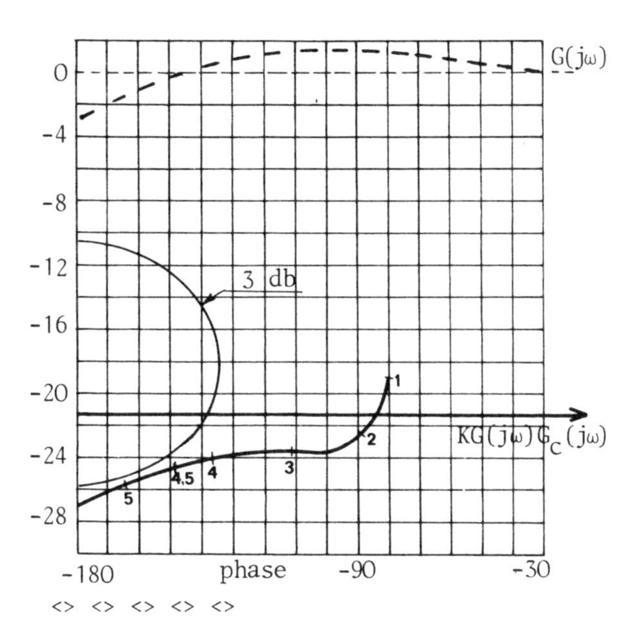

<> <> <> <> <>

1.4.6 CORRECTION D'UN SYSTEME ASSERVI PAR UN RESEAU A AVANCE OU UN RESEAU A RETARD DE PHASE

L'asservissement de la figure contient dans la chaîne directe un amplificateur de gain A.

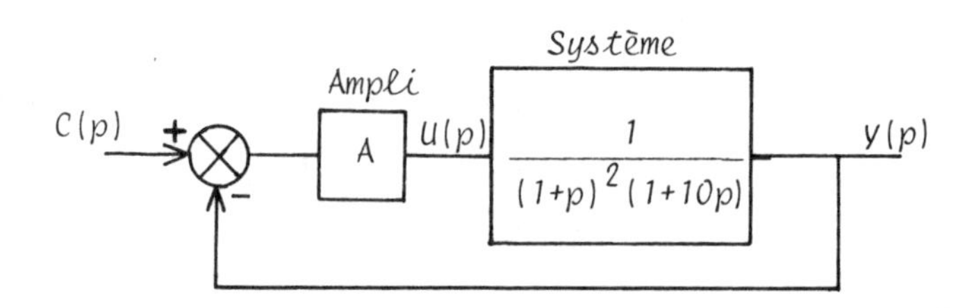

a) Régler le gain A de l'amplificateur pour obtenir, en régime harmonique, une surtension de 2,3 db. En déduire la pulsation de résonance et la bande passante à -3 db. Calculer l'écart permanent pour un échelon de consigne.

b) On désire réduire cet écart à 8 % de l'échelon de consigne tout en maintenant la surtension à 2,3 db. Pour cela, on remplace l'amplificateur par un réseau à avance de phase : $K_c\, G_c(p) = K_c \dfrac{1+pT}{1+pT/a}$. *Déterminer les paramètres du réseau (avec a le plus faible possible). En déduire la pulsation de résonance et la bande passante du système corrigé.*

c) On désire obtenir un écart permanent égal à 5 % de l'échelon de consigne en utilisant un réseau à retard de phase : $K_c\, G_c(p) = K_c \dfrac{1+pT/b}{1+pT}$ *Déterminer les coefficients du réseau. Quelles sont la pulsation de résonance et la bande passante du système corrigé ?*

* * * * *

a) Réglage de A :

Construisons le lieu de transfert $G(j\omega)$ dans le plan de Black, figure page suivante.

Pour obtenir une surtension en BF de 2,3 db, on translate le lieu $G(j\omega)$ de A db jusqu'à ce qu'il soit tangent au contour M = 2,3 db de l'abaque de Nichols.

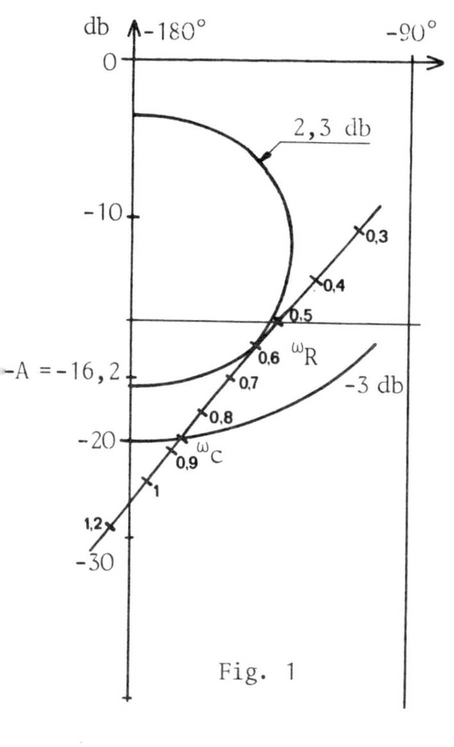

Fig. 1

On lit sur la figure :

$A_{db} = 16,2$ db $\boxed{A = 6,46}$

$\boxed{\omega_R \simeq 5,7 \text{ rd/s}}$

$\boxed{\omega_C \simeq 8,6 \text{ rd/s}}$

l'écart permanent ε pour un échelon unité de la consigne a pour valeur :

$$\varepsilon = \frac{1}{1 + A}$$

$$\boxed{\varepsilon = 0,134 = 13,4 \%}$$

b) Correcteur à avance de phase :

La fonction de transfert en B.O. du système corrigé s'écrit :

$$K_c\, G_c\,(p)\, G(p) = K_c \cdot \frac{1+pT}{1+pT/a} \times \frac{1}{(1+10p)(1+p^2)}$$

et donc l'écart en régime permanent pour un échelon unité de consigne devient :

$$\varepsilon = \frac{1}{1+K_c} = 0,08 \quad \text{d'où} \quad \boxed{K_c = 11,5} \text{ soit } K_c(\text{db}) = 21,2 \text{ db}$$

Si, dans le plan de Black, on translate $G(j\omega)$ de 21,2 db, la surtension en régime harmonique est supérieure à 2,3 db ($G(j\omega)$ coupe le contour M = 2,3 db de l'abaque de Nichols). Une avance de phase constante de 22° permettrait d'obtenir le résultat désiré.

Or, un réseau à avance de phase $G_c(p) = \dfrac{1 + pT}{1+pT/a}$ avec a = 3 apporte une avance de phase maximum de 30°. On note que pour $\omega T = 0,9$, $\underline{/G_c}^\circ = 25°$. Si l'on estime que la nouvelle pulsation de résonance sera voisine de 0,9 rd/s, on choisira T tel que $\omega_R T = 0,9$ soit T = 1 s, d'où :

Essai n°1 : $a = 3$, $T = 1$ s

Construisons le lieu de transfert $K_c\, G_c(j\omega)\, G(j\omega)$ dans le plan de Black :

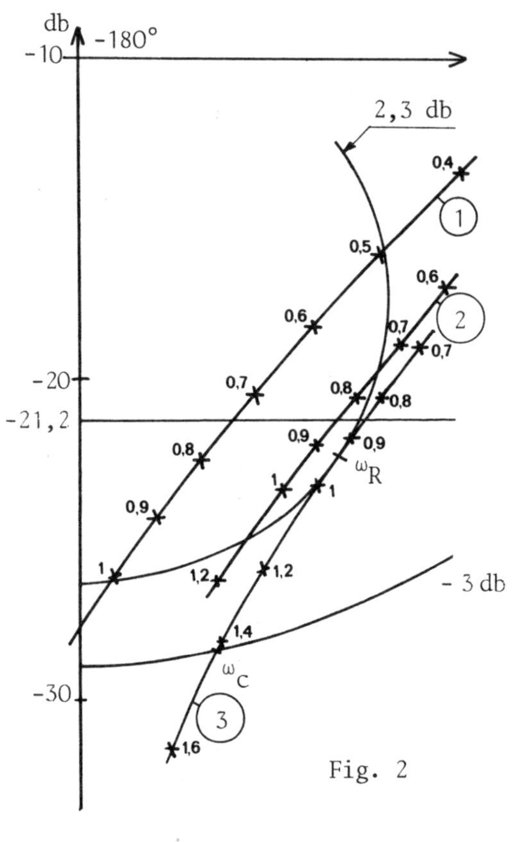

Fig. 2

① $G(j\omega)$

② $\dfrac{1 + j\omega}{1 + j\,\frac{\omega}{3}}\, G(j\omega)$

③ $\dfrac{1 + j\omega}{1 + j\,\frac{\omega}{4}}\, G(j\omega)$

On constate que celui-ci coupe le contour $M = 2,3$ db de l'abaque de Nichols. La surtension est donc trop élevée. Un déphasage supplémentaire de 5° permettrait d'obtenir le but fixé. La valeur de $a = 3$ choisie ici ne convient donc pas. On adoptera donc la valeur directement supérieure $a = 4$ qui pour $\omega T = 0,9$ conduit à $\angle G_c = 31°$, d'où :

Essai n°2 : $a = 4$, $T = 1$ s

Construisons le lieu de transfert $K_c\, G_c(j\omega)\, G(j\omega)$ (figure ci-dessus)

On constate que le lieu de transfert coupe très légèrement le contour $M = 2,3$ db. La surtension du système en B.F. est donc très voisine de $M_p = 2,3$ db. Les performances désirées sont donc pratiquement obtenues avec les réglages choisis ici, donc :

$$\boxed{K_c\, G_c(p) = 11,5\ \frac{1+p}{1+p/4}}$$

On lit sur la figure :

$$\boxed{\omega_R = 0,9 \text{ rd/s}} \qquad \boxed{\omega_c = 1,4 \text{ rd/s}}$$

c) Correcteur à retard de phase :

La fonction de transfert en B.O. du système corrigé s'écrit :

$$K_c\, G_c(p)\, G(p) = K_c\, \frac{1+pT/b}{1+pT} \times \frac{1}{(1+10p)(1+p)^2}$$

L'écart en régime permanent pour un échelon unité de consigne est :

$$\varepsilon = \frac{1}{1+K_c} = 0{,}05 \quad \text{d'où} \quad \boxed{K_c = 19} \text{ soit } K_c(\text{db}) = 25{,}6 \text{ db}$$

Si, dans le plan de Black, on translate $G(j\omega)$ de 25,6 db (figure 3), la surtension est supérieure à 2,3 db.

Une diminution du gain de 9,4 db est nécessaire.

Nous adoptons le réseau à retard de phase :

$$G_c(p) = \frac{1+pT/b}{1+pT} \quad \text{avec} \quad b = 4$$

qui atténue de 12 db aux hautes fréquences. Calculons T pour que le déphasage soit de 5° pour ω_R (voisin de 0,55 rd/s)

$$\omega_R T = 0{,}55\, T = 34 \qquad T = 61{,}8 \text{ s}$$

Nous choisissons donc $T = 60$ s et $b = 4$.

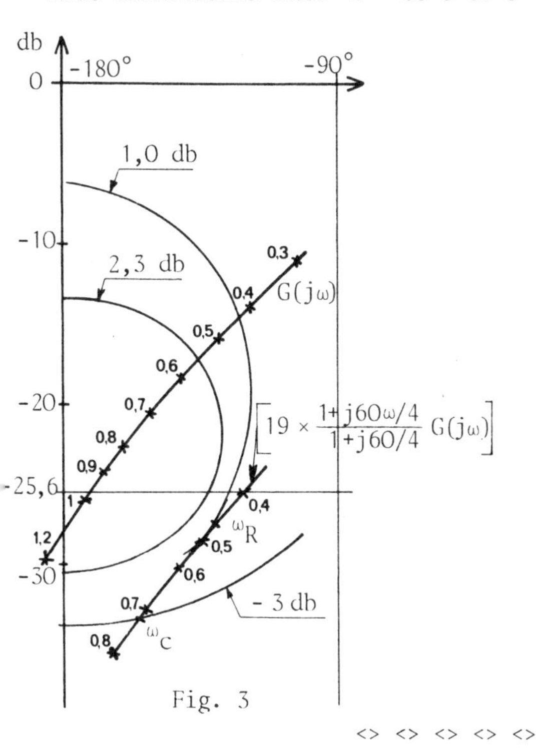

Fig. 3

Construisons le lieu de transfert $K_c\, G_c(j\omega)\, G(j\omega)$ dans le plan de Black (figure ci-contre).

Celui-ci est à l'extérieur du contour M = 2,3 db, la surtension est voisine de M_p = 1 db. Les performances désirées sont donc obtenues.

On retiendra donc :

$$\boxed{K_c\, G_c(p) = 19\, \frac{1+60\,p/4}{1+60\,p}}$$

On lit alors, figure ci-contre :

$$\boxed{\omega_R = 0{,}45 \text{ rd/s}}$$

$$\boxed{\omega_c = 0{,}7 \text{ rd/s}}$$

<> <> <> <> <>

1.4.7 ETUDE DU PILOTE AUTOMATIQUE D'UN VEHICULE SPATIAL

Le diagramme ci-dessous représente l'asservissement de l'angle de tangage θ d'une fusée où β est l'angle de braquage de la tuyère de tangage. La boucle de retour est constituée d'une centrale inertielle, qui mesure la position θ, et d'un gyromètre dont la sortie est proportionnelle à la vitesse angulaire $d\theta/dt$. Le bloc de pilotage calcule à partir de l'écart e la commande à appliquer à la tuyère de la fusée.

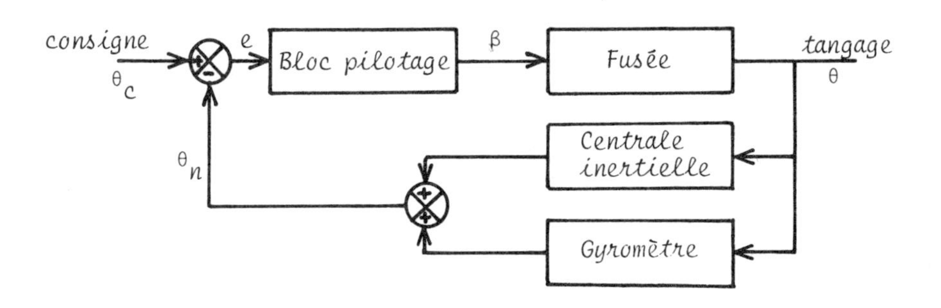

Le gain de la centrale inertielle est unitaire, celui du gyromètre est noté Tg.

La fonction de transfert de la fusée s'écrit :

$$\frac{\theta(p)}{\beta(p)} = \frac{-C_2}{p^2 + C_1}$$

C_1 est appelé efficacité aérodynamique et C_2 efficacité de pilotage. Ces 2 coefficients sont calculés à partir des caractéristiques géométrique et aérodynamique de l'engin.

A un instant donné du vol, on a identifié les valeurs de ces paramètres :

$$C_1 = 0{,}25 \ (rd/s)^2 \quad \text{et} \quad C_2 = 2$$

a) On règle le gain du gyromètre à Tg = 1 seconde et on choisit comme bloc de pilotage un amplificateur de gain A.

Déterminer les valeurs de A pour lesquelles le système asservi est stable.

b) Calculer la valeur de A pour que la réponse indicielle du système bouclé soit apériodique et la plus rapide possible.

En déduire l'écart statique à un échelon de consigne unitaire.

c) Pour annuler cet écart statique, on adopte comme nouveau bloc de pilotage un régulateur du type P.I. :

$$\frac{\beta(p)}{e(p)} = -K\left(1 + \frac{1}{T_i p}\right) \quad \text{avec} \quad T_i = 0{,}5$$

Tracer, lorsque K varie de 0 à ∞, le lieu des pôles du système bouclé (en conservant Tg = 1). En déduire les valeurs de K pour lesquelles l'asservissement est stable.

Déterminer la plus faible valeur de K pour laquelle les réponses transitoires du système asservi sont non oscillatoires.

* * * * *

a) La fonction de transfert du système en boucle ouverte s'écrit :

$$\frac{\theta_m(p)}{e(p)} = K\,\frac{1+p}{p^2+0{,}25} \quad \text{avec} \quad K = -2A$$

et celle en boucle fermée : $\dfrac{K(1+p)}{p^2+Kp+(K+0{,}25)}$

Ce système sera donc stable si K est positif, donc si A négatif.

b) Le dénominateur de la fonction de transfert en boucle fermée est du deuxième degré, de pulsation naturelle $\omega_n' = \sqrt{K+0{,}25}$ et d'amortissement $\zeta = \dfrac{K}{2\sqrt{K+0{,}25}}$.

Cet amortissement sera égal à 1 pour $K = 2+\sqrt{5}$ (K doit être positif) et donc pour :

$$A \simeq -2{,}12$$

L'écart statique pour un échelon de consigne est alors de 5,6 %.

c) Avec le nouveau bloc de pilotage, la fonction de transfert en boucle ouverte du système s'écrit :

$$\frac{\theta_m(p)}{e(p)} = k\,\frac{(1+p)\;(2+p)}{p(p^2+0{,}25)} \quad \text{avec} \quad k = 2K$$

Lieu d'Evans :

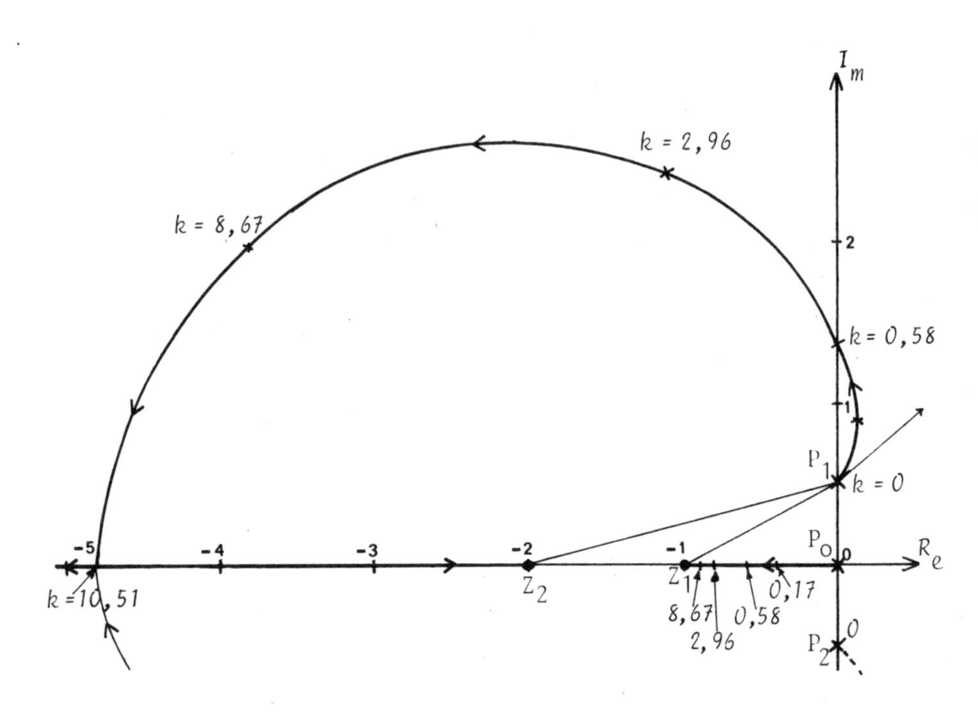

Le système en boucle fermée sera donc stable pour k > 0,58 donc pour K > 0,29.

La réponse est apériodique pour k > 10,51 donc K > 5,25.

CHAPITRE 2

Asservissements non linéaires

2.1 MÉTHODE DU PREMIER HARMONIQUE

2.1.1 *On désire étudier l'asservissement ci-dessous :*

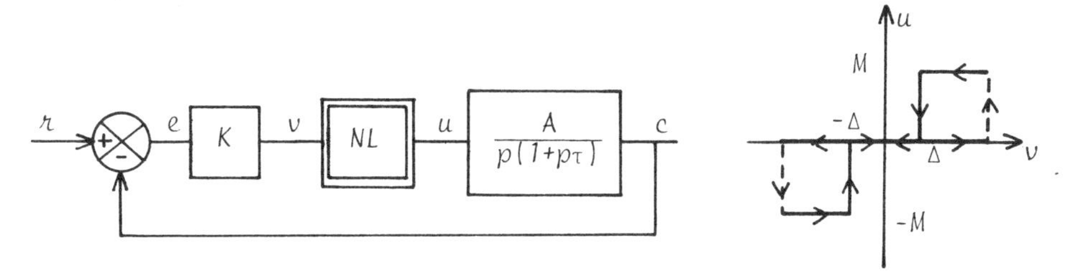

où K est un amplificateur de gain réglable, la transmittance $A/p(1+p\tau)$ est celle d'un moteur entraînant une inertie avec : $A = 0,1$ et $\tau = 2$.

La non linéarité est celle d'un relais à seuil (Δ) qui ne commute à +M ou -M que quand la dérivée de son entrée v change de signe : cette commutation n'a donc pas toujours lieu pour la même amplitude de v, c'est pourquoi elle est représentée en pointillés sur la figure ci-dessus.

a) Calculer l'expression du gain équivalent $N_1(V)$ de la non-linéarité en fonction de V. On posera $v = V \sin \omega t$ et $\Delta = V \sin \alpha$, $0 < \alpha < \pi/2$. Pour quelle valeur de Δ/V, $\frac{\Delta}{M}|N_1|$ passe-t-il par un maximum ?

b) A l'aide du tableau suivant, tracer le lieu critique dans le plan de Black pour $\Delta = 0,1$ et $M = 1$.

$\frac{\Delta}{V}$	$\left\lvert \frac{\Delta}{M} N_1 \right\rvert_{db}$	$\underline{/N_1}$ °
1	$-\infty$	0
0,97	- 16,4	- 7
0,95	- 14,4	- 9,1
0,9	- 11,8	- 13
0,85	- 10,6	- 15,9
0,8	- 9,8	- 18,4
0,7	- 9,24	- 22,8
2/3	- 9,2	- 24,1
0,6	- 9,33	- 26,6
0,5	- 9,9	- 30
0,4	- 11,1	- 33,2
0,3	- 12,9	- 36,3
0,2	- 15,9	- 39,2
0,15	- 18,1	- 40,7
0,1	- 21,4	- 42,1
0	$-\infty$	- 45

c) En prenant K = 10, déterminer s'il existe une ou plusieurs oscillations limites stables. Si c'est le cas, préciser l'amplitude et la pulsation de l'oscillation de l'écart e.

d) Pour quelle valeur de K observe-t-on une oscillation limite d'amplitude minimale, quelle est sa pulsation ?

* * * * *

a) Calcul du gain équivalent

Supposons que l'entrée v de la non-linéarité soit un signal sinusoïdal de pulsation ω : $v(t) = V \sin \omega t$. La caractéristique d'entrée/sortie nous permet alors de déduire le signal de sortie u(t) (figure page suivante).

Calculons l'amplitude et la phase du premier harmonique $u_1(t)$ du signal u(t). Posons :

$$u(t) \simeq U_1 \sin (\omega t + \Phi_1) = A_1 \sin \omega t + B_1 \cos \omega t$$

$$A_1 = \frac{1}{\pi} \int_0^{2\pi} u(t) \sin \omega t \, d(\omega t)$$

$$A_1 = \frac{2}{\pi} \int_{\frac{\pi}{2}}^{\pi-\alpha} M \sin \theta \, d\theta = \frac{2M}{\pi} \left[- \cos \theta\right]_{\frac{\pi}{2}}^{\pi-\alpha}$$

$$A_1 = \frac{2M}{\pi} \cos \alpha$$

$$B_1 = \frac{1}{\pi} \int_0^{2\pi} u(t) \cos \omega t \, d(\omega t)$$

$$B_1 = \frac{2}{\pi} \int_{\frac{\pi}{2}}^{\pi-\alpha} M \cos \theta \, d\theta = \frac{2M}{\pi} [\sin \theta]_{\frac{\pi}{2}}^{\pi-\alpha}$$

$$B_1 = - \frac{2M}{\pi} (1 - \sin \alpha)$$

d'où : $$U_1 = \sqrt{A_1^2 + B_1^2} = \frac{2M}{\pi} \sqrt{\cos^2\alpha + (1 - \sin \alpha)^2}$$

$$U_1 = \frac{2\sqrt{2}M}{\pi} \sqrt{1 - \sin \alpha} = \frac{2\sqrt{2}M}{\pi} \sqrt{1 - \frac{\Delta}{V}}$$

et $$\operatorname{tg} \Phi_1 = \frac{B_1}{A_1} = \frac{\sin \alpha - 1}{\cos \alpha} = - \sqrt{\frac{1 - \sin \alpha}{1 + \sin \alpha}} = - \sqrt{\frac{1 - \frac{\Delta}{V}}{1 + \frac{\Delta}{V}}}$$

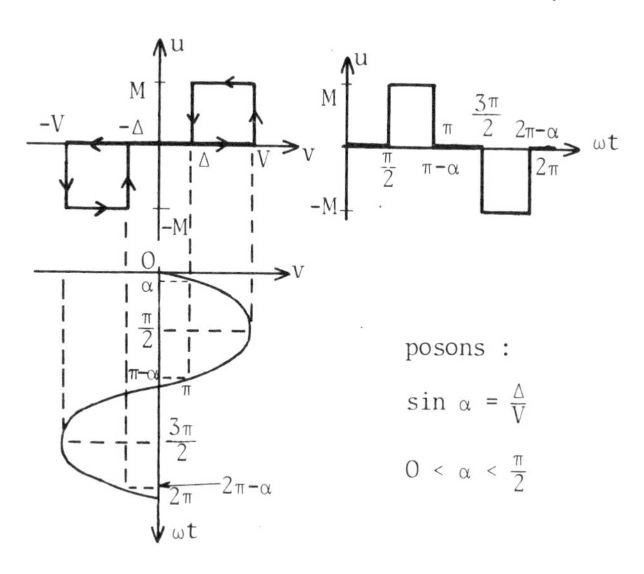

posons :

$\sin \alpha = \frac{\Delta}{V}$

$0 < \alpha < \frac{\pi}{2}$

Le gain équivalent $N_1(V)$ a donc pour module et phase :

$$|N_1(V)| = \frac{U_1}{V} = \frac{2\sqrt{2}}{\pi} \frac{M}{V} \sqrt{1 - \frac{\Delta}{V}}$$

$$\underline{/N_1(V)} = \Phi_1 = - \sqrt{\frac{1 - \frac{\Delta}{V}}{1 + \frac{\Delta}{V}}}$$

Le maximum de $\frac{\Delta}{M}\,|N_1| = \frac{2\sqrt{2}}{\pi}\cdot\frac{\Delta}{V}\sqrt{1-\frac{\Delta}{V}}$ a lieu pour :

$$\frac{d\;\frac{\Delta}{M}\,|N_1|}{d\,(\frac{\Delta}{V})} = 0$$

soit :

$$\sqrt{1-\frac{\Delta}{V}} + \frac{\Delta}{V}\,\frac{-1}{2\sqrt{1-\frac{\Delta}{V}}} = 0$$

d'où :

$$\frac{\Delta}{V} = \frac{2}{3}$$

et

$$\frac{\Delta}{M}\,|N_1(\tfrac{2}{3})| = \frac{4\sqrt{2}}{3\sqrt{3}\pi}$$

b) Lieu critique $-\frac{1}{N_1(V)}$.

Pour $\Delta = 0{,}1$ et $M = 1$, on obtient le tableau ci-dessous :

V	$\left\|-\frac{1}{N_1}\right\|_{db}$	$\angle -\frac{1}{N_1}$ °
0,1	+ ∞	- 180
0,103	- 3,6	- 173
0,105	- 5,6	- 170,9
0,111	- 8,2	- 167
0,118	- 9,4	- 164,1
0,125	- 10,2	- 161,6
0,143	- 10,76	- 157,2
0,15	- 10,8	- 155,9
0,167	- 10,67	- 153,4
0,2	- 10,1	- 150
0,25	- 8,9	- 146,8
0,333	- 7,1	- 143,7
0,5	- 4,1	- 140,8
0,666	- 1,9	- 139,3
1	+ 1,4	- 137,9
∞	+ ∞	- 135

d'où le lieu critique tracé dans le plan de Black :

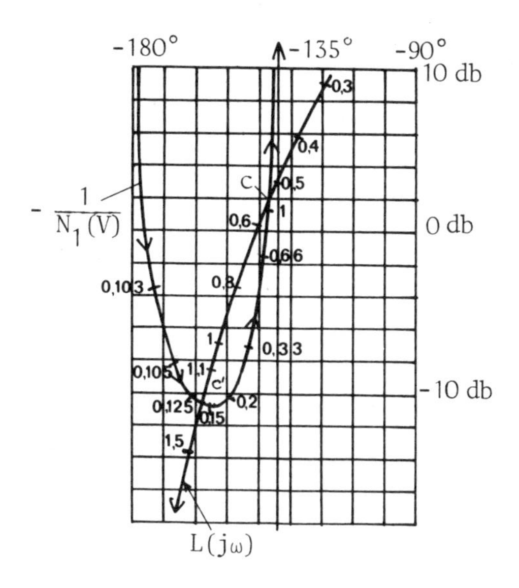

c) Le diagramme du système asservi est équivalent à :

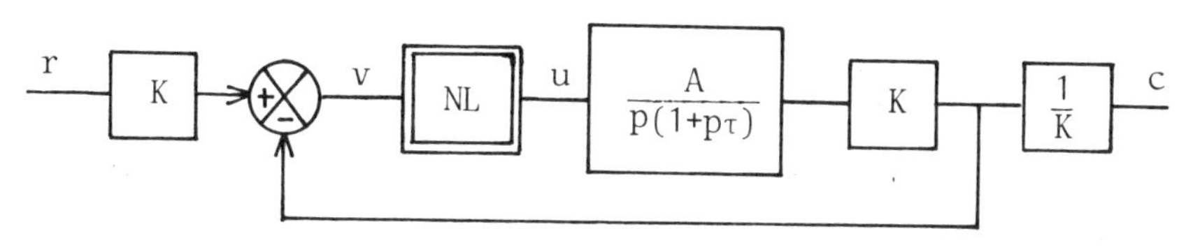

Pour K = 10 et A = 0,1, traçons le lieu de transfert $L(j\omega) = \frac{AK}{j\omega(1+j\omega\tau)}$ dans le plan de Black (figure ci-dessus).

$L(j\omega)$ coupe le lieu critique en deux points c et c' qui correspondent à des oscillations limites : le point c ($V_c \simeq 1$; $\omega_c = 0{,}55$ rd/s) correspond à une oscillations limite stable (auto-oscillation) et le point c' ($V_{c'} = 0{,}143$; $\omega_{c'} = 1{,}25$ rd/s) à une oscillation limite instable.

On en conclut donc que si, à l'instant initial, l'écart e est faible ($e(0) < \frac{V_{c'}}{K}$), le système reviendra au repos, alors que si l'écart initial est grand ($e(0) > \frac{V_{c'}}{K}$), le système entrera en auto-oscillation de pulsation $\omega_c = 0{,}55$ rd/s et l'amplitude de l'écart e sera $e_c = \frac{V_c}{K} \simeq \frac{1}{10} = 0{,}1$.

d) Pour K = 13 db (4,5), le lieu critique est tangent au lieu de transfert et l'on observe une oscillation limite d'amplitude minimale ($V_c = 0,3$ et $\omega_c = 0,7$ rd/s).

<> <> <> <> <>

2.1.2 Un système asservi à retour non unitaire (diagramme ci-dessous) contient dans la chaîne directe une non-linéarité dont la caractéristique d'entrée/sortie est la suivante :

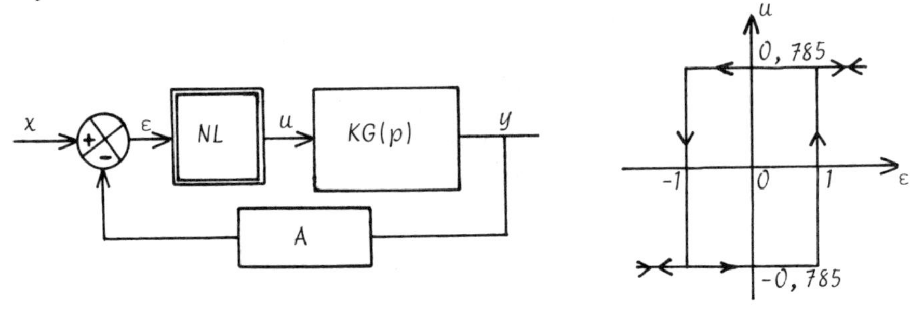

L'organe linéaire a pour fonction de transfert :

$$KG(p) = \frac{K}{p\ (1 + p + 100\ p^2)}.$$

Le capteur A fournit un signal proportionnel à la sortie réelle y(t) : A = 3,16.

a) K = 0,01. Etablir s'il existe des oscillations limites. On précisera la pulsation et l'amplitude des oscillations stables éventuelles et à quelles conditions on y converge.

b) Régler le gain K à sa valeur la plus grande possible pour que, quelles que soient les perturbations, la sortie y(t) ne s'écarte pas plus de 0,35 de son régime permanent.

* * * * *

a) - Lieu critique de la non-linéarité :

Posons $\varepsilon(t) = \varepsilon_1 \sin \omega t$.

$$\left| - \frac{1}{N_1(\varepsilon_1)} \right| = \frac{\pi\varepsilon_1}{4M} = \frac{\pi}{0,785 \times 4}\ \varepsilon_1 = \varepsilon_1$$

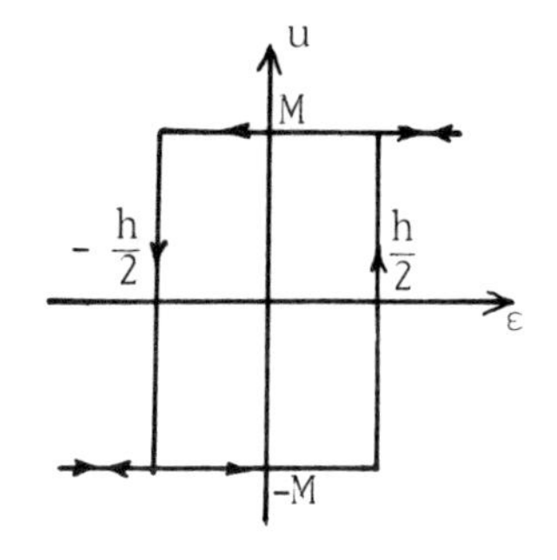

$$\underline{\left/ - \frac{1}{N_1(\varepsilon_1)} \right.} = -180° + \text{Arc sin} \frac{h}{2\varepsilon_1}$$

$$= -180° + \text{Arc sin} \frac{1}{\varepsilon_1}$$

d'où le lieu critique (figure ci-dessous) :

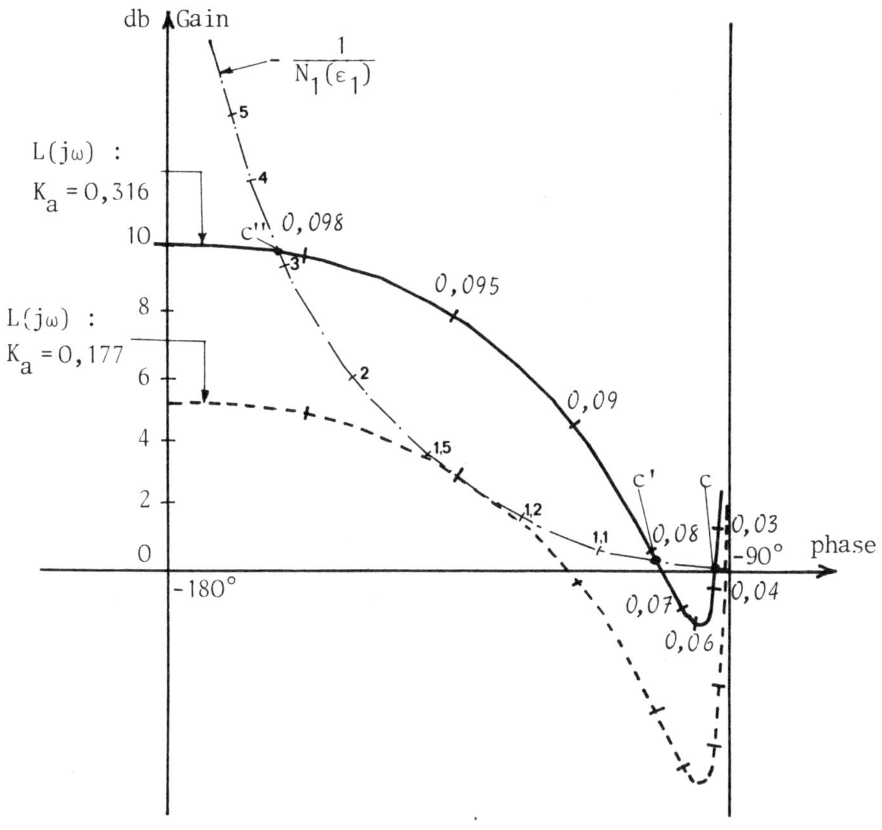

- Lieu de transfert de $L(j\omega) = \dfrac{AK}{j\omega[1 + j\omega + 100\ (j\omega)^2]}$:

$$L(p) = \frac{0{,}01 \times 3{,}16}{p(1 + p + 100\ p^2)} = \frac{K_a}{\frac{p}{\omega_n}\left(1 + 2\zeta \frac{p}{\omega_n} + (\frac{p}{\omega_n})^2\right)}$$

avec $K_a = 0{,}316$; $\omega_n = 0{,}1$ rd/s et $\zeta = 0{,}05$,

d'où le lieu de transfert (figure ci-dessus).

- Détermination des oscillations limites :

Le lieu critique $-\frac{1}{N_I(\varepsilon_1)}$ coupe le lieu de transfert $L(j\omega)$ en trois points c, c' et c" qui correspondent à des oscillations limites : les points c ($\varepsilon_{1c} \# 1$; $\omega_c = 0{,}035$ rd/s) et c" ($\varepsilon_{1c''} = 3{,}2$; $\omega_{c''} = 0{,}098$ rd/s) correspondent à des oscillations limites stables (auto-oscillations) et le point c' ($\varepsilon_{1c'} = 1{,}05$; $\omega_{c'} = 0{,}08$ rd/s) à une oscillation limite instable.

- Conclusion : Si l'écart initial $\varepsilon_1(0)$ est inférieur à $\varepsilon_{1c'} = 1{,}05$, le système asservi entrera en auto-oscillation d'amplitude $\varepsilon_{1c} = 1$ ($y_{1c} = 0{,}316$) et de pulsation $\omega_c = 0{,}035$ rd/s. Si l'écart initial $\varepsilon_1(0)$ est supérieur à $\varepsilon_{1c'} = 1{,}05$, le système convergera alors vers l'auto-oscillation d'amplitude $\varepsilon_{1c''} = 3{,}2$ ($y_{1c''} = 1{,}01$) et de pulsation $\omega_{c''} = 0{,}098$ rd/s.

b) Avec la valeur précédente du gain pour de grandes perturbations, le système entre en oscillation d'amplitude voisine de 1. Si on diminue le gain statique, l'amplitude de cette oscillation va diminuer. La position limite où le lieu de transfert tangente le lieu critique nous donne une oscillation d'amplitude $\varepsilon_{1c''} = 1{,}4$ ($y_{1c''} = 0{,}44$), ce qui est encore trop important. Pour K_a légèrement inférieur, il ne subsiste que l'oscillation de plus faible amplitude $y_{1c} \# 0{,}316$.

Diminuons donc K_a de 5 dB (0,56), d'où :

$$K = 0{,}01 \times 0{,}56 \qquad K = 0{,}0056$$

<> <> <> <> <>

2.1.3 Le système asservi à retour non-unitaire, diagramme suivant, contient dans sa chaîne directe un relais (dont on donne la caractéristique d'entrée-sortie) et un organe linéaire dont la fonction de transfert est :

$$KG(p) = \frac{K}{p\,(1 + 0{,}04\,p + 0{,}01\,p^2)}$$

La chaîne de retour est constituée d'un capteur dont la fonction de transfert se réduit à un gain A = 5.

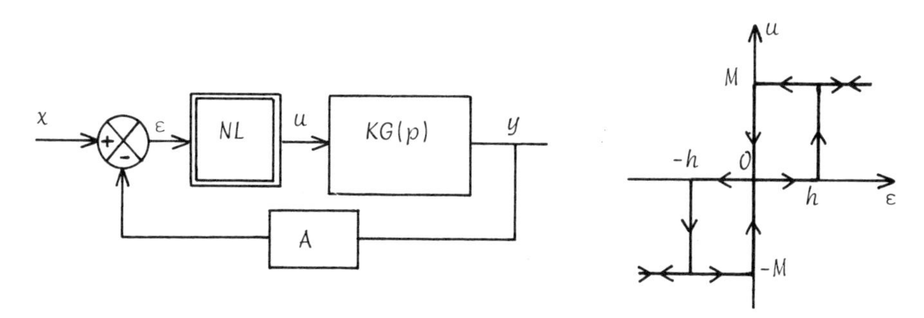

On demande d'étudier les performances de ce système asservi par la méthode du 1er harmonique.

a) Déterminer l'expression algébrique du gain équivalent (module et phase) de la non-linéarité. Pour quelle valeur de $\frac{\varepsilon_1}{h}$ ($\varepsilon(t) = \varepsilon_1 \sin \omega t$) le module est-il maximum ?

Calculer alors le module maximum et la phase correspondante.

Tracer dans le plan de Black (à l'aide du tableau ci-dessous) le lieu critique de la non-linéarité pour $h = 0,5$ et $M = 5$.

Gain équivalent de la non-linéarité :

$\frac{\varepsilon_1}{h}$	1	1,1	1,2	1,3	1,4	1,6	1,8	2	2,4	3
$\left\lvert\frac{h}{M} N_1(\frac{\varepsilon_1}{h})\right\rvert_{db}$	-0,91	-0,23	-0,58	-1,05	-1,53	-2,49	-3,39	-4,22	-5,71	-7,57
$\underline{/N_1(\frac{\varepsilon_1}{h})}^{o}$	-45°	-32,7°	-28,2°	-25,1°	-22,8°	-19,3°	-16,9°	-15°	-12,3°	-9,7°

Tracer le lieu de transfert $G(j\omega)$ dans le plan de Black.

b) Discuter en fonction du gain K le nombre et la stabilité des oscillations limites.

c) Quelle est la valeur minimum de K pour laquelle apparaît une auto-oscillation ? Est-elle stable ? Quelles sont l'amplitude et la pulsation de l'oscillation sur la sortie y (lorsqu'elle existe) ?

d) Régler le gain K pour que, quelles que soient les conditions initiales, la sortie du système asservi oscille en régime permanent avec une amplitude la plus faible possible. Quelle est cette amplitude ? Quelle est la pulsation de l'oscillation ?

* * * * *

a) Calcul du gain équivalent :

Supposons que l'entrée $\varepsilon(t)$ de la non-linéarité soit sinusoïdale $\varepsilon(t) = \varepsilon_1 \sin \omega t$ et déterminons le signal de sortie $u(t)$ (figure ci-dessous).

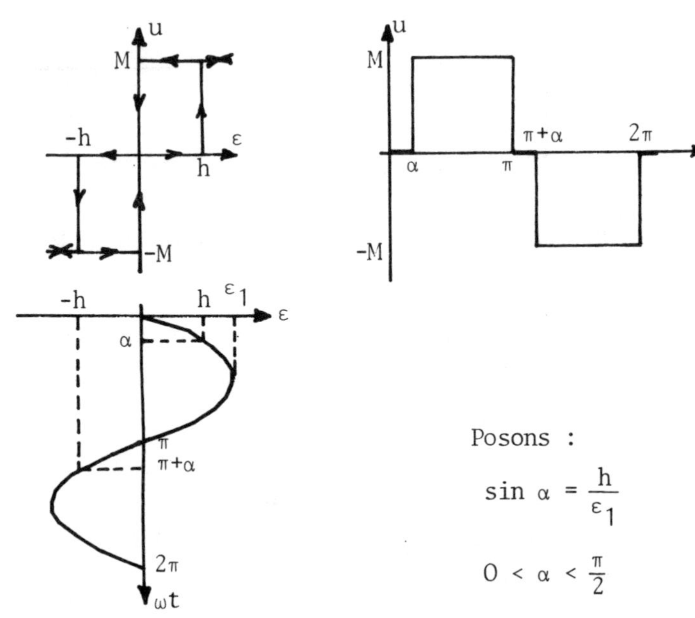

Posons :

$$\sin \alpha = \frac{h}{\varepsilon_1}$$

$$0 < \alpha < \frac{\pi}{2}$$

Déterminons le premier harmonique de $u(t)$:

$$u(t) \simeq U_1 \sin (\omega t + \Phi_1) = A_1 \sin \omega t + B_1 \cos \omega t$$

$$A_1 = \frac{1}{\pi} \int_0^{2\pi} u(t) \sin \omega t \, d(\omega t) \qquad A_1 = - \frac{2M}{\pi} \sin \alpha$$

$$A_2 = \frac{1}{\pi} \int_0^{2\pi} u(t) \cos \omega t \, d(\omega t) \qquad B_1 = \frac{2M}{\pi} (\cos \alpha + 1)$$

d'où :
$$U_1 = \sqrt{A_1^2 + B_1^2} = \frac{2\sqrt{2}M}{\pi} \sqrt{1 + \cos \alpha} = \frac{2\sqrt{2}\,M}{\pi} \sqrt{1 + \sqrt{1 - \left(\frac{h}{\varepsilon_1}\right)^2}}$$

et
$$\operatorname{tg} \Phi_1 = \frac{B_1}{A_1} = - \frac{\sin \alpha}{\cos \alpha + 1} = - \operatorname{tg} \frac{\alpha}{2} \qquad \Phi_1 = - \frac{1}{2} \operatorname{Arc} \sin \frac{h}{\varepsilon_1}$$

Le gain équivalent $N_1(\varepsilon_1)$ a donc pour module et phase :

$$|N_1(\varepsilon_1)| = \frac{U_1}{\varepsilon_1} = \frac{2\sqrt{2}}{\pi} \frac{M}{\varepsilon_1} \sqrt{1 + \sqrt{1 - \left(\frac{h}{\varepsilon_1}\right)^2}}$$

$$\underline{/N_1(\varepsilon_1)} = - \frac{1}{2} \operatorname{Arc} \sin \frac{h}{\varepsilon_1}$$

Le maximum de $|N_1(\varepsilon_1)|$ a lieu pour :

$$\frac{d\left(\frac{h}{M}\left|N_1\left(\frac{\varepsilon_1}{h}\right)\right|\right)}{d\left(\frac{\varepsilon_1}{h}\right)} = 0 \qquad \frac{\varepsilon_1}{h} = \sqrt{\frac{9}{8}} = 1{,}06$$

d'où :

$$\frac{h}{M}\left|N_1\left(\sqrt{\frac{9}{8}}\right)\right| = \frac{16}{3\sqrt{3}\pi} = 0{,}980 \ (-\ 0{,}174 \text{ db})$$

et

$$-\angle N_1\left(\sqrt{\frac{9}{8}}\right) = -\ \text{Arctg}\ \frac{\sqrt{2}}{2} = -\ 35{,}3°$$

- Pour h = 0,5 et M = 5, traçons le lieu critique $-\frac{1}{N_1(\varepsilon_1)}$ dans le plan de Black.

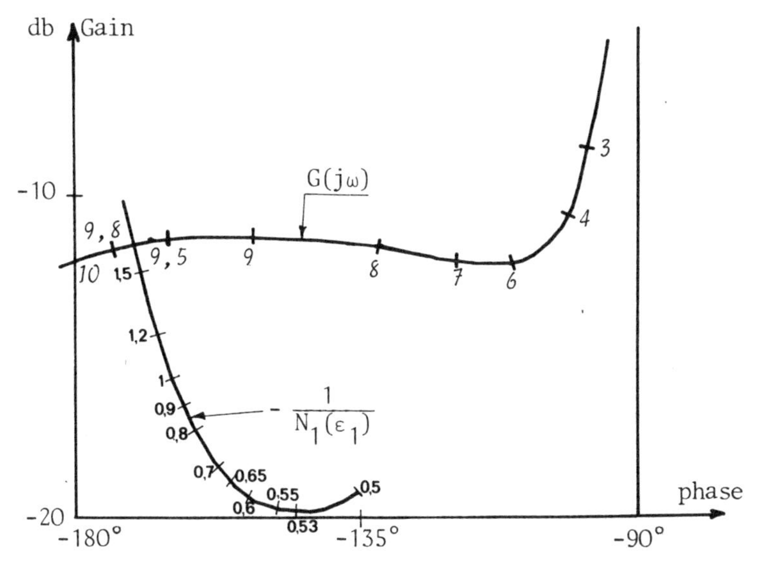

$$G(p) = \frac{1}{p\,(1 + 0{,}04p + 0{,}01p^2)} = \frac{\omega_n}{\frac{p}{\omega_n}\left(1 + 2\zeta\frac{p}{\omega_n} + \left(\frac{p}{\omega_n}\right)^2\right)}$$

avec $\zeta = 0{,}2$ et $\omega_n = 10$ rd/s

d'où le lieu de transfert $G(j\omega)$ (figure ci-dessus).

b) 1er cas :

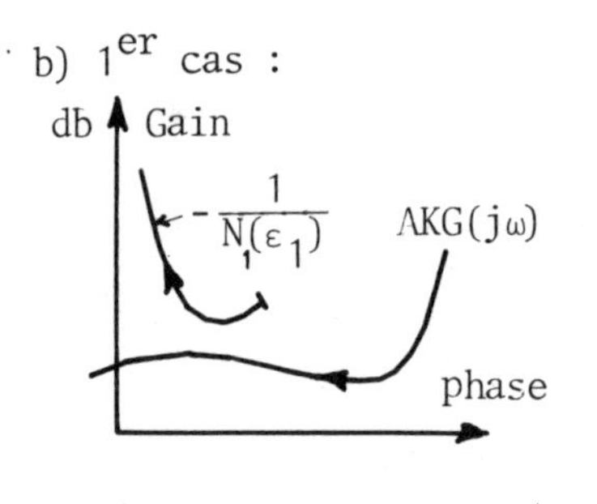

AK < - 8,6 db (0,372)

Il n'y a pas d'intersection du lieu de transfert avec le lieu critique, donc pas d'oscillation limite.

2ème cas :

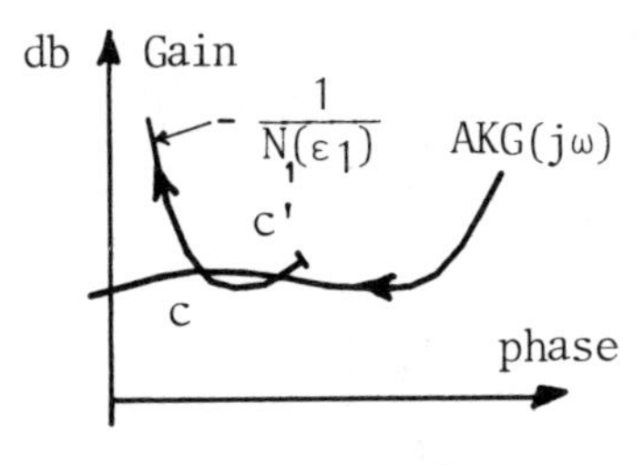

- 8,6 db < AK < - 7,6 db
(0,372 < AK < 0,417)

Le lieu de transfert coupe le lieu critique en 2 points c et c' qui correspondent à des oscillations limites.

Le point c (ε_{1c} et ε_c grands) correspond à une oscillation limite stable, le point c' (ε'_{1c} et ω'_c faibles) à une oscillation limite instable.

3ème cas :

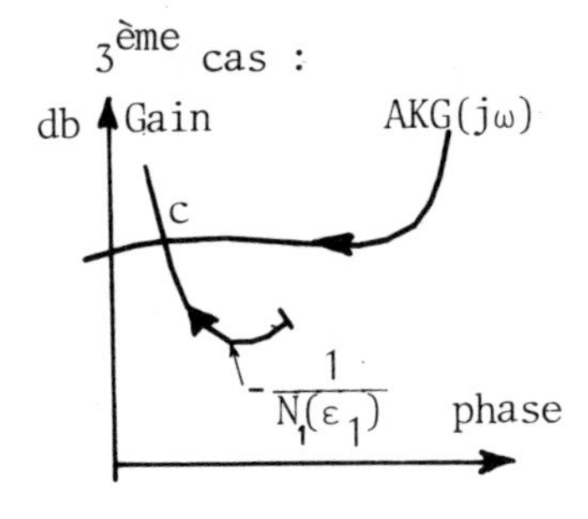

AK > - 7,6 db (0,417)

Un seul point d'intersection c.
L'oscillation limite instable disparaît.

c) Pour AK = - 8,6 db (0,372) soit K = 0,0745, le lieu critique est tangent au lieu de transfert en un seul point c (ε_{1c} = 0,53 et ω_c = 8,6 rd/s) correspondant à une auto-oscillation (à la limite de la stabilité).

Si, à l'instant initial, $\varepsilon_1(0)$ est inférieur à ε_{1c} = 0,53, le système asservi revient au repos (pas d'oscillation) ; par contre, si $\varepsilon_1(0)$ est supérieur à ε_{1c} = 0,53, le système asservi converge vers un régime permanent oscillatoire de pulsation ω_c = 8,6 rd/s et d'amplitude ε_{1c} = 0,5 (y_{1c} = 0,106).

d) Pour AK légèrement supérieur à - 7,6 db, il ne subsiste que l'oscillation limite stable avec une amplitude la plus faible possible

(ε_{1c} = 0,65 ; ω_c = 9,2 rd/s), donc, pour K = 0,0836, la sortie oscillera quelles que soient les conditions initiales avec une amplitude y_{1c} = 0,130 et une pulsation ω_c = 9,2 rd/s.

<> <> <> <> <>

2.1.4 Les régulateurs pneumatiques à membranes présentent fréquemment autour de l'écart nul un défaut appelé "collage" qui se traduit par la caractéristique ci-contre reliant l'écart réel de régulation e à l'écart u traité par le régulateur.

Supposons qu'une chaîne de régulation soit réalisée de la façon suivante :
un processus de transmittance $G(p) = \dfrac{1}{(1+p)^2}$,
et une régulation PI avec $R(p) = K(1 + \dfrac{1}{pT_i})$.

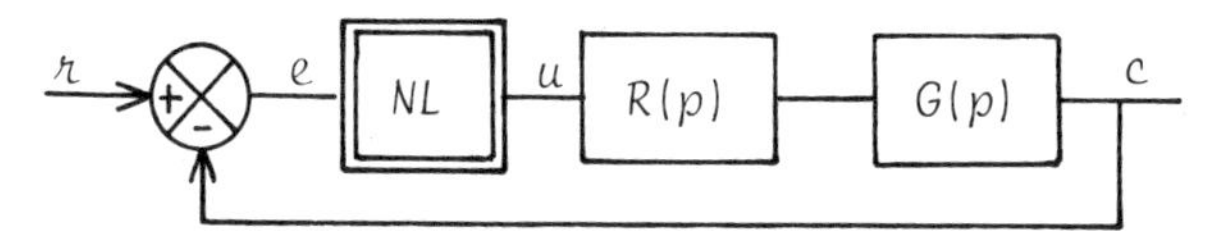

On se propose d'étudier l'influence de la non-linéarité par la méthode du premier harmonique.

a) Calculer le gain équivalent de la non-linéarité et tracer son lieu critique dans le plan de Black pour $E_1 = 1$; $\sqrt{2}$ *et* 2 ($e(t) = E_1 \sin \omega t$).

b) Avec T_i *infini, quelle est la valeur critique* K_c *de K entraînant des oscillations d'amplitude minimum ? Quelle est la pulsation de ces oscillations ?*

c) Avec $K = K_c$ *et* T_i = 1 *seconde, que deviennent l'amplitude et la pulsation de ces oscillations ?*

* * * * *

a) Calcul du gain équivalent.

La caractéristique d'entrée/sortie nous permet d'obtenir le signal de sortie u(t) pour une entrée $e(t) = E_1 \sin \omega t$.

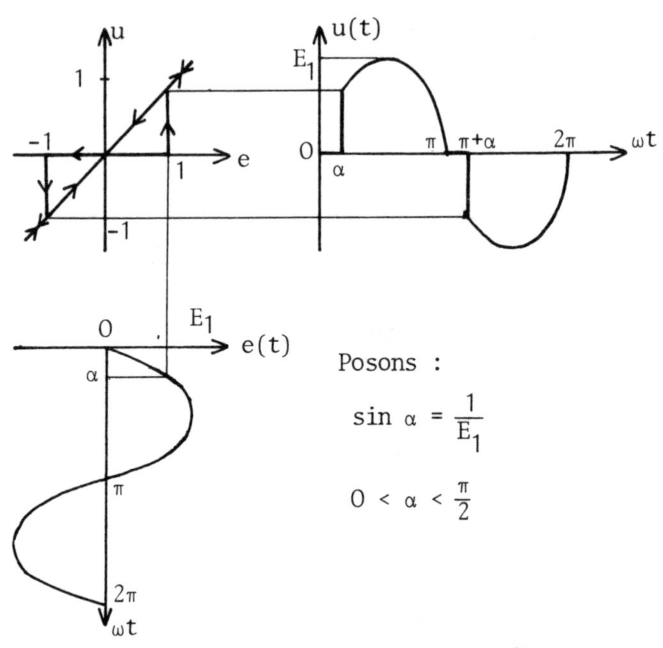

Posons :

$$\sin \alpha = \frac{1}{E_1}$$

$$0 < \alpha < \frac{\pi}{2}$$

Déterminons le premier harmonique de u(t)

$$u(t) \simeq U_1 \sin(\omega t + \Phi_1) = A_1 \sin \omega t + B_1 \cos \omega t$$

$$A_1 = \frac{1}{\pi}\int_0^{2\pi} u(t) \sin \omega t \, d(\omega t) \qquad \frac{A_1}{E_1} = 1 - \frac{1}{2\pi}(2\alpha - \sin 2\alpha)$$

$$B_1 = \frac{1}{\pi}\int_0^{2\pi} u(t) \cos \omega t \, d(\omega t) \qquad \frac{B_1}{E_1} = -\frac{\sin^2\alpha}{\pi}$$

On en déduit le module et la phase du gain équivalent $N_1(E_1)$:

$$|N_1(E_1)| = \frac{U_1}{E_1} = \frac{1}{E_1}\sqrt{A_1^2 + B_1^2}$$

$$\underline{/N_1(E_1)} = \text{Arctg}\,\frac{B_1}{A_1}$$

. $E_1 = 1 \qquad \alpha = \frac{\pi}{2}$ $\qquad \begin{cases} |N_1(1)| = 0{,}594 \ (-\ 4{,}52 \text{ dB}) \\ \underline{/N_1(1)} = -\ 32{,}5° \end{cases}$

. $E_1 = 2 \qquad \alpha = \frac{\pi}{4}$ $\qquad \begin{cases} |N_1(2)| = 0{,}921 \ (-\ 0{,}72 \text{ dB}) \\ \underline{/N_1(2)} = -\ 9{,}9° \end{cases}$

. $E_1 = 2 \qquad \alpha = \frac{\pi}{6} \qquad \begin{cases} |N_1(2)| = 0{,}973 \ (-\ 0{,}24 \text{ dB}) \\ \underline{/N_1(2)} = -\ 4{,}7° \end{cases}$

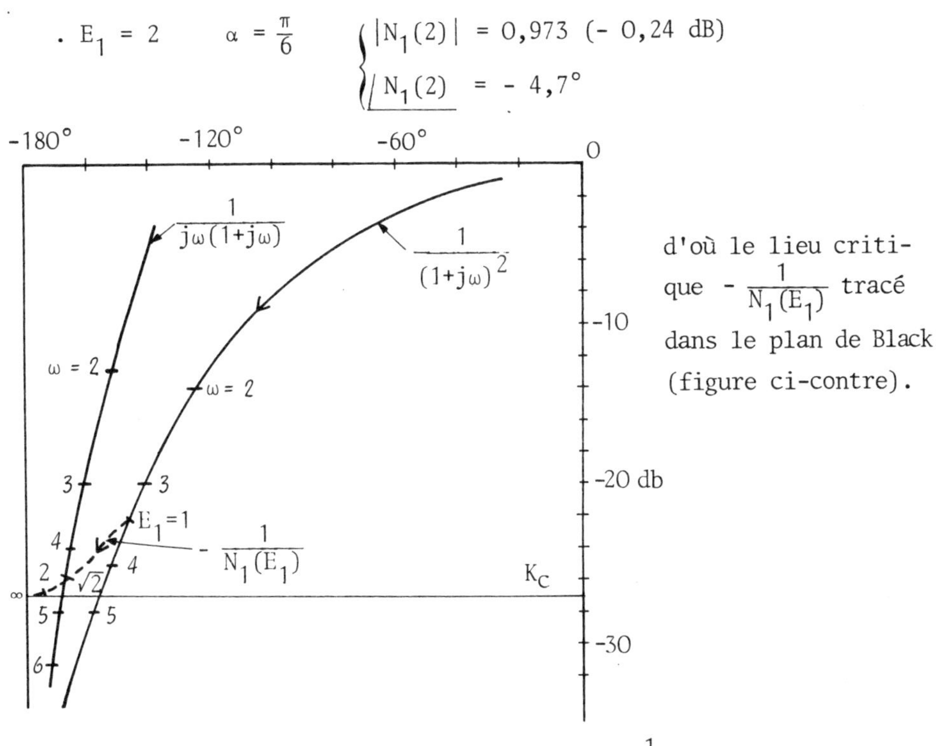

d'où le lieu critique $-\frac{1}{N_1(E_1)}$ tracé dans le plan de Black (figure ci-contre).

b) Pour T_i infini, $R(p)\ G(p) = KG(p) = K \dfrac{1}{(1+p)^2}$.

Traçons $G(j\omega)$ dans le plan de Black (figure ci-dessus). On remarque que, si $K > 26{,}8$ dB, le lieu de transfert coupe le lieu critique en un point correspondant à une oscillation limite stable.

Pour $K = K_c = 26{,}8$ dB, l'amplitude de cette oscillation est minimum $E_{1c} = 1$ et la pulsation est $\omega_c = 3{,}5$ rd/s.

c) Pour $T_i = 1$ s, $R(p)G(p) = K\ (1 + \frac{1}{p})\ \dfrac{1}{(1+p)^2} = \dfrac{K}{p(1+p)}$.

Construisons donc le lieu de transfert de $\dfrac{1}{j\omega(1+j\omega)}$ dans le plan de Black (figure ci-dessus).

Pour $K = K_c = 26{,}8$ dB, le lieu de transfert coupe le lieu critique en un point correspondant à une auto-oscillation d'amplitude $E_{1c} = 1{,}4$ et de pulsation $\omega_c = 4{,}3$ rd/s.

<> <> <> <> <>

2.1.5 Dans l'asservissement de position ci-dessous, N_1 représente un relais commandé par la tension u et présentant un seuil de $\pm$ 1 Volt. Ce relais délivre à l'ensemble moteur + charge une tension + V_o, - V_o ou 0 suivant la valeur de u :

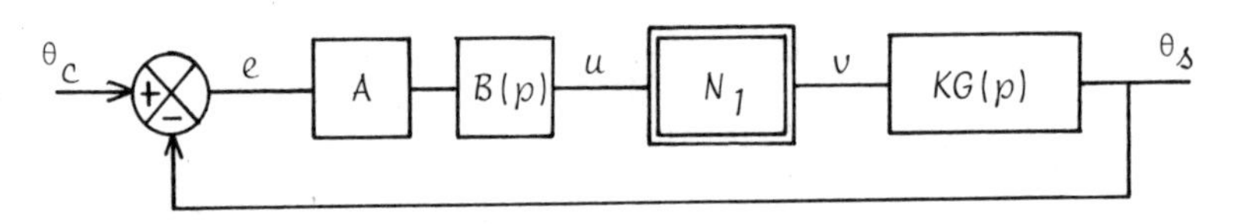

A est un amplificateur, $B(p) = \frac{1}{1+0,02p}$ et le lieu de transfert a été relevé expérimentalement (tableau ci-dessous).

ω rd/s	$\angle KG(j\omega)$ °	$\|KG(j\omega)\|$* db
1	- 96,3	- 8,56
2	- 102,5	- 14,72
3	- 108,4	- 18,44
5	- 119,5	- 23,48
6	- 124,4	- 25,43
8	- 133,3	- 28,76
10	- 140,7	- 31,57
12	- 147,5	- 34,04
15	- 154,3	- 34,27
17,5	- 160,2	- 39,60
18	- 161,2	- 40,04
20	- 164,8	- 41,70
25	- 172,2	- 45,35
30	- 178,3	- 48,44
40	- 178,8	- 53,52
50	- 195,3	- 57,62
60	- 201,5	- 61,10
70	- 206,9	- 64,12
80	- 211,6	- 66,86
100	- 219,3	- 71,57

* gain en radians/Volt

On veut régler cette chaîne pour obtenir une oscillation de balayage linéarisant le système.

a) Sachant que V_o=24 Volt, calculer le gain équivalent du relais.

b) Ecrire la condition d'oscillation de l'asservissement. En déduire la pulsation ω_o de cette oscillation.

Déterminer A pour que l'amplitude de u soit de 8 Volts. Quelle est alors l'amplitude en degrés de l'oscillation de θ_s ?

c) On veut réduire cette amplitude et augmenter ω_o. Pour cela, on introduit dans la chaîne un correcteur à avance de phase $G_c = \frac{1 + p\tau}{1 + p\tau/a}$. Déterminer a et τ pour que l'amplitude de θ_s soit de 2,5°, l'amplitude de u étant 8 Volts (on déduira de ces données le nouvel ω_o et on choisira a et τ pour que l'avance de phase maxi ait lieu pour ω_o). Quelle devra être la nouvelle valeur de A ?

a) Gain équivalent du relais.

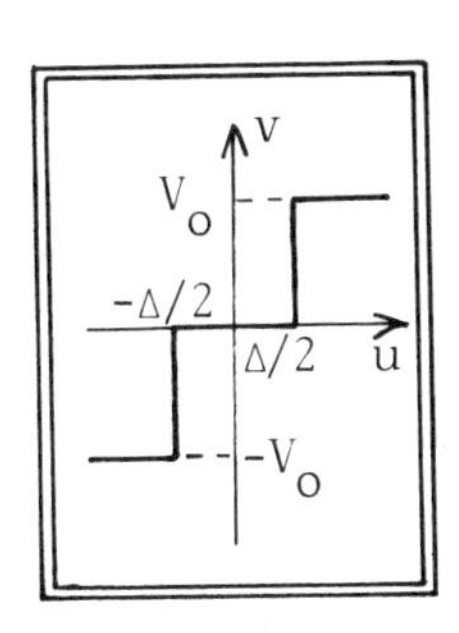

Le gain équivalent (réel) d'un relais avec seuil est :

$$N_1(U_1) = \frac{4V_o}{\pi U_1}\sqrt{1 - \left(\frac{\Delta}{2U_1}\right)^2}$$

où $u(t) = U_1 \sin \omega t$

pour $\Delta = 2$ Volts et $V_o = 24$ Volts

$$N_1(U_1) = \frac{30,6}{U_1}\sqrt{1 - \frac{1}{U_1^2}}$$

b)

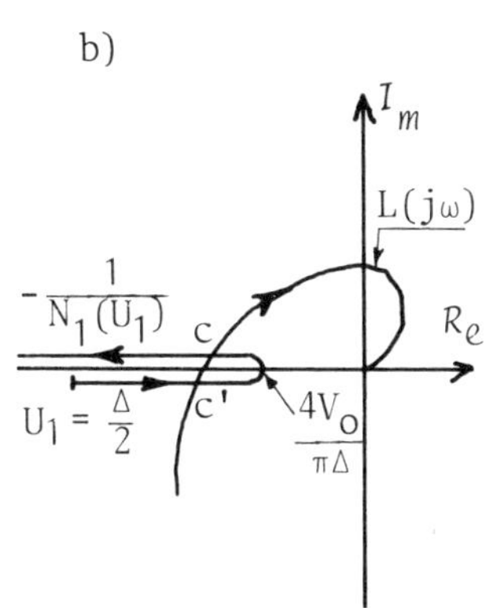

Posons $L(p) = AB(p) \times KG(p)$.

Il y a auto-oscillation du système asservi si le lieu de transfert $L(j\omega)$ coupe le lieu critique $-\frac{1}{N_1(U_1)}$. Notons que le point c correspond à une oscillation limite stable et c' à une oscillation limite instable.

La condition d'oscillation est donc :

$$|L(j\omega_o)| > \frac{4V_o}{\pi\Delta} \quad \text{avec} \quad \underline{/L(j\omega_o)}^{\circ} = -180°.$$

Construisons le lieu de transfert $B(j\omega).KG(j\omega)$ dans le plan de Black ; on en déduit :

$$\omega_o = 17,7 \text{ rd/s} \quad \text{et} \quad |B(j\omega_o).KG(j\omega_o)| = -40,1 \text{ db}$$

On désire régler A pour obtenir $U_1 = 8$ Volts, d'où :

$$N_1(8) = 3,79 \ (11,6 \text{ db})$$

$$-\frac{1}{N_1(8)} = L(j\omega_o)$$

d'où :

$$A_{db} = -|N_1(8)|_{db} - |B(j\omega_o).KG(j\omega_o)|_{db}$$

$$A_{db} = 28,5 \text{ db}$$

$$A = 26,7$$

On en déduit l'amplitude E_1 de e (donc celle de la sortie θ_s).

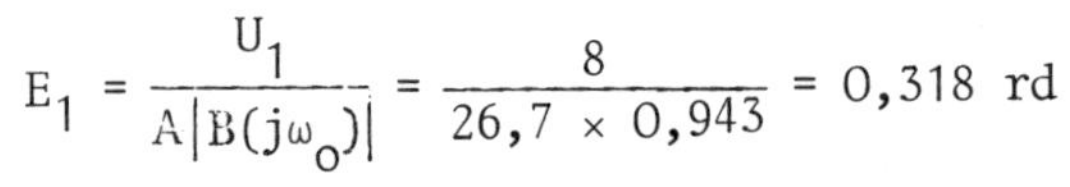

$$E_1 = \frac{U_1}{A|B(j\omega_o)|} = \frac{8}{26,7 \times 0,943} = 0,318 \text{ rd}$$

$E_1 = 18,2°$

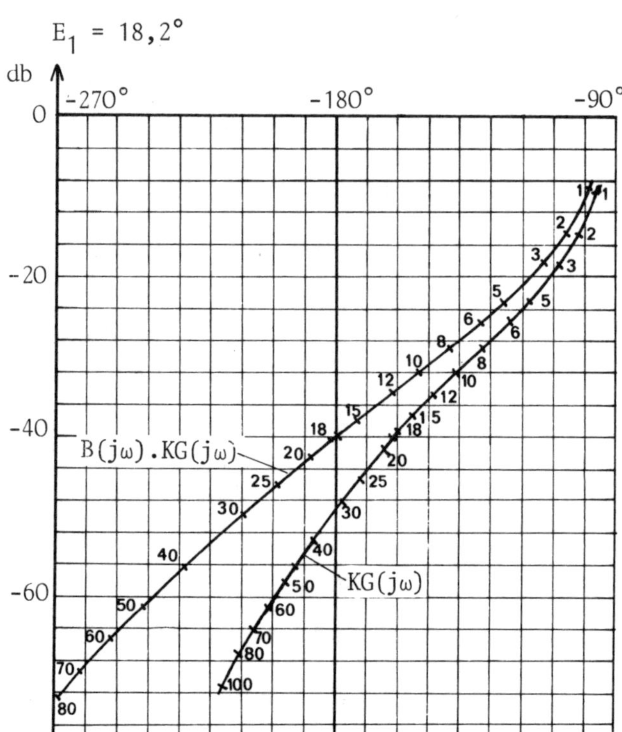

c)

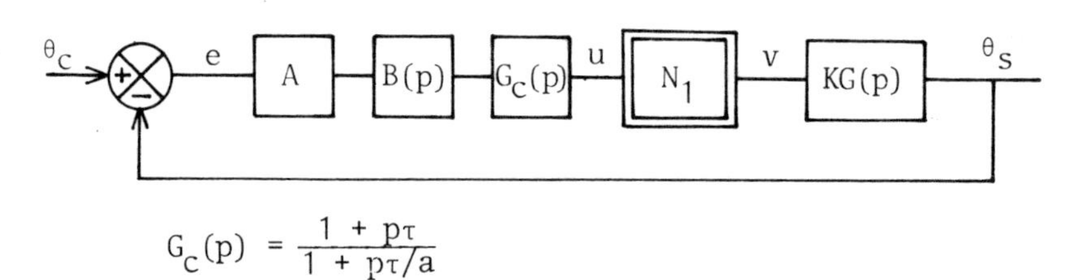

$$G_c(p) = \frac{1 + p\tau}{1 + p\tau/a}$$

On désire maintenant réduire l'amplitude de θ_s à 2,5° (0,0436 rd) tout en conservant U_1 = 8 volts.

$$V_1 = U_1 \; N_1(U_1) = 8 \times 3,79 = 30,3 \text{ Volts}$$

d'où :

$$|KG(j\omega_o)| = \frac{0,0436}{30,3} = 0,0144 \text{ rd/V } (- 56,8 \text{ dB})$$

On en déduit (lieu de transfert $KG(j\omega_o)$) : $\omega_o = 48$ rd/s

d'où : $\underline{/G(j\omega_o)} = -194{,}0°$

Posons $L(p) = AB(p).G_c(p).KG(p)$

$$\underline{/L(j\omega_o)} = -180° \Longrightarrow \underline{/G_c(j\omega_o)}° = -180° - \underline{/B(j\omega_o)}° - \underline{/G(j\omega_o)}°$$

$$\underline{/G_c(j\omega_o)} = 57{,}8°$$

L'avance de phase maximum d'un correcteur du type $G_c(p) = \frac{1 + p\tau}{1 + p\tau/a}$ est de 58° pour a = 12 et $\omega_o\tau = 3{,}5$ ($|G_c(j\omega_o)| = 10{,}8$ dB).

On choisira donc a = 12 et $\tau = \frac{3{,}5}{48}$ $\tau = 0{,}073$ s

$$|L(j\omega_o)| = \frac{1}{N_1(8)} \qquad A = \frac{1}{N_1(8).|B(j\omega_o)|.|G_c(j\omega_o)|.|KG(j\omega_o)|}$$

d'où : A = 37,3 db soit A = 73

<> <> <> <> <>

2.1.6 Le système asservi à retour unitaire de la figure ci-dessous contient dans la chaîne directe un amplificateur dont la caractéristique d'entrée-sortie (sans dynamique) est représentée ci-contre.

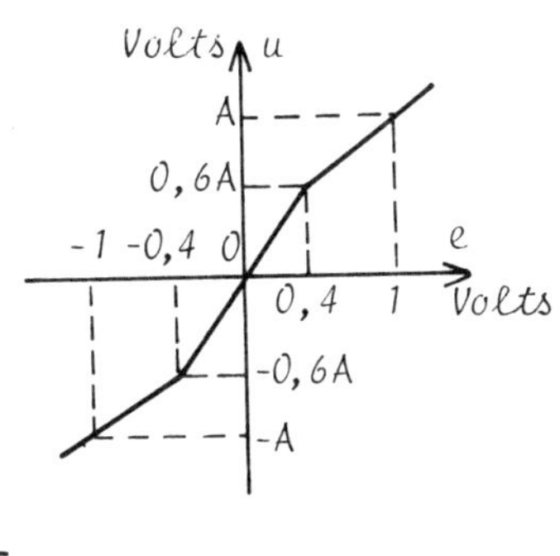

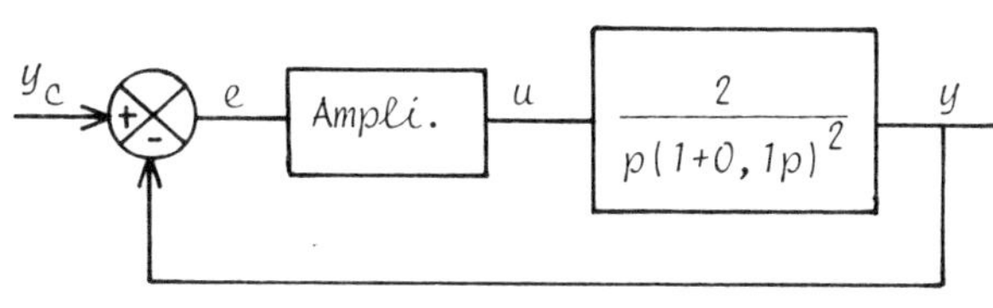

a) Déterminer l'expression littérale du gain équivalent de l'amplificateur en fonction de k_1, k_2, e_o et E_1 où k_1 est la pente de la caractéristique pour $|e(t)| < e_o$ (0,4 volt), k_2 la pente pour $|e(t)| > e_o$ et E_1 l'amplitude de $e(t)$ ($e(t) = E_1 \sin \omega t$).

b) Exprimer le gain équivalent de l'amplificateur en fonction du gain équivalent de la non-linéarité "saturation". En déduire le tracé dans le plan de Black du lieu critique.

c) Déterminer en fonction de A la stabilité du système asservi. Préciser les valeurs de A pour lesquelles il existe une oscillation limite. Cette oscillation limite est-elle une auto-oscillation ?

d) A = 10. Tracer pour y_c = 5 volts le régime permanent de la sortie y(t).

e) A = 20. Déterminer le réseau correcteur à avance de phase qui permet à la sortie de rejoindre la consigne (constante) en régime permanent.

* * * * *

a) Calcul du gain équivalent.

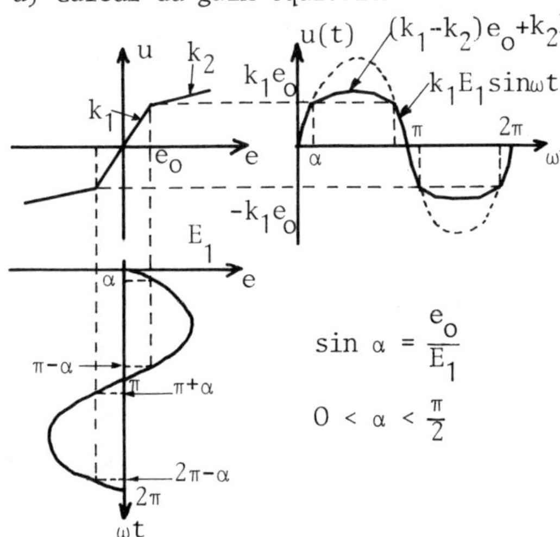

La caractéristique d'entrée/sortie nous permet de déterminer le signal u(t) pour e(t) sinusoïdal. Calculons alors le premier harmonique de u(t)

$$u(t) \simeq U_1 \sin \omega t$$

$$U_1 = \frac{1}{\pi}\int_0^{2\pi} u(t)\sin\omega t\, d(\omega t)$$

$$U_1 = \frac{E_1(k_1-k_2)}{\pi}(2\alpha+\sin 2\alpha)+k_2E_1$$

d'où le gain équivalent (réel) :

$$N_1(E_1) = \frac{U_1}{E_1} = \frac{k_1-k_2}{\pi}(2\alpha+\sin 2\alpha)+k_2 \quad \text{avec} \quad \sin\alpha = \frac{e_o}{E_1}$$

b)

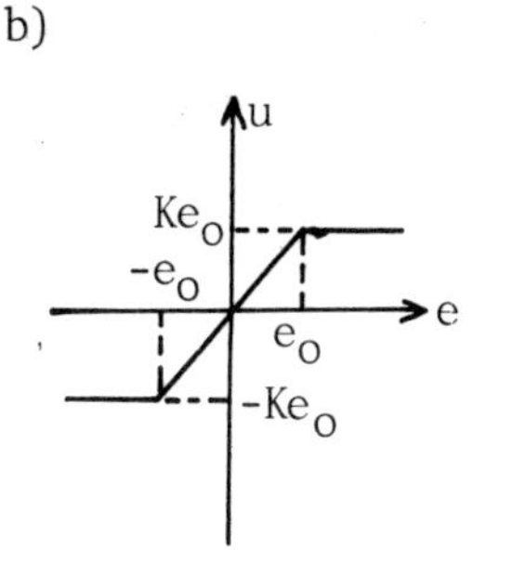

La non-linéarité classique ci-contre (saturation) a pour gain équivalent :

$$\frac{1}{K}\cdot N_S(E_1) = \frac{1}{\pi}(2\alpha + \sin 2\alpha)$$

$$(\alpha = \text{Arc}\sin\frac{e_o}{E_1})$$

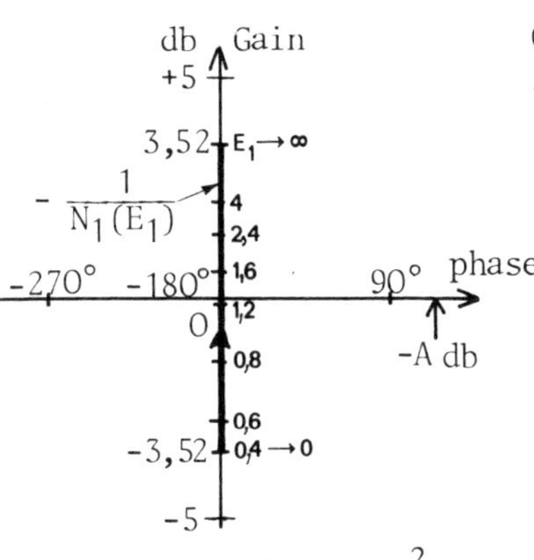

On peut donc exprimer $N_1(E_1)$ en fonction de $N_S(E_1)$:

$$N_1(E_1) = (k_1 - k_2)\,\frac{N_S(E_1)}{K} + k_2$$

$$N_1(E_1) = \frac{5}{6}\,\frac{N_S(E_1)}{K} + \frac{2}{3}$$

d'où le lieu critique ci-contre tracé dans le plan de Black.

c) Posons $L(p) = \dfrac{2}{p(1+0,1p)^2}$

$$\underline{/L(j\omega_c)} = -180° \Longrightarrow \omega_c = 10 \text{ rd/s} \quad \Longrightarrow |L(j\omega_c)| = \frac{1}{10} \ (-20 \text{ dB})$$

- Si $A_{db} < 20 - 3,52 = 16,48$ db (6,66), le système asservi est stable.

- Si $A_{db} > 20 + 3,52 = 23,52$ db (15,0), le système asservi est instable.

- Si $6,66 < A < 15,0$, le lieu de transfert $L(j\omega)$ coupe le lieu critique $-\frac{1}{N_1(E_1)}$ en un point c correspondant à une oscillation limite stable (auto-oscillation) de pulsation $\omega_c = 10$ rd/s et d'amplitude variant entre 0,4 (pour A = 6,66) et ∞ (pour A = 15,0).

d) Pour A = 10 $E_1 = 1,3$, d'où le tracé du régime permanent de la sortie y(t),

$$T_c = \frac{2\pi}{\omega_c} = 0,628 \text{ s}$$

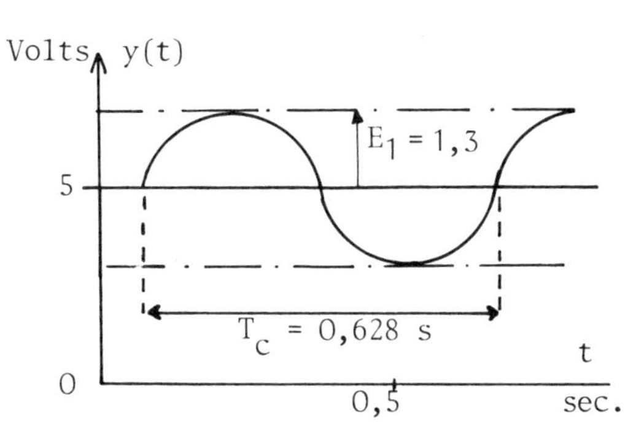

e) Pour A = 20 (26 db), le lieu de transfert $L(j\omega)$ parcouru dans le sens des ω croissants coupe l'axe -180° au dessus du lieu critique $-\frac{1}{N_1(E_1)}$ (plan de Black suivant).

Le système asservi est donc instable.

Introduisons donc dans la chaîne directe un réseau correcteur $G_c(p)$ afin d'obtenir un point d'intersection du lieu de transfert avec l'axe -180° au-dessous de -29,52 db.

Posons :

$$L_c(p) = \frac{1+pT}{1+pT/a} \times \frac{2}{p(1+0,1p)^2}$$

$L_c(j\omega)$ tracé ci-contre pour a = 5 et T = 1,5 s répond aux conditions précédentes.

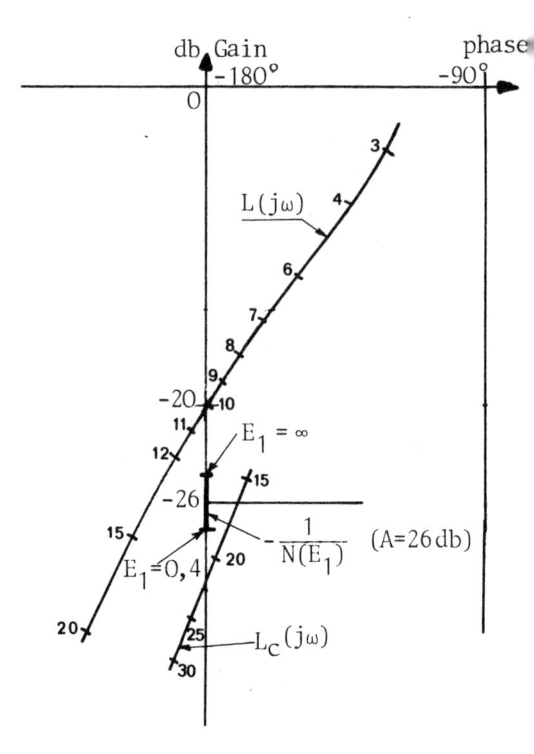

Le système ainsi corrigé est donc stable, quelle que soit l'amplitude E_1 et, en régime permanent, y(t) rejoindra la consigne y_c (système possédant un intégrateur dans la chaîne directe).

<> <> <> <> <>

2.2 MÉTHODE DU PLAN DES PHASES

2.2.1 METHODE DES ISOCLINES

On se propose d'étudier l'asservissement non linéaire présenté ci-dessous :

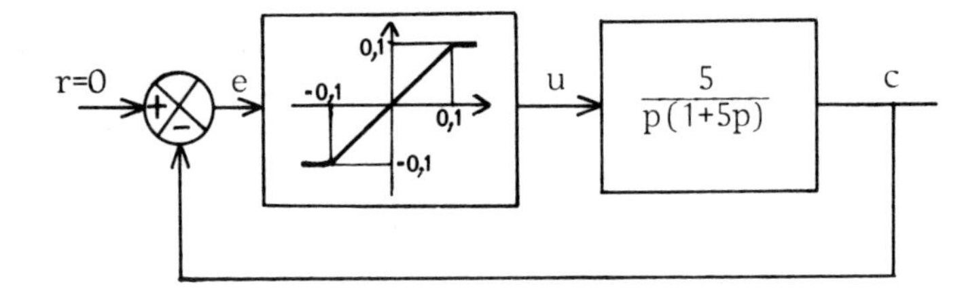

a) Ecrire les équations différentielles auxquelles répond l'écart e suivant les cas de non-linéarité.

b) Par la méthode des isoclines, tracer la trajectoire suivie par e dans le plan de phase, à partir des conditions initiales :

$$e(0) = 0,4 \qquad \dot{e}(0) = 0.$$

c) On supprime maintenant la non-linéarité, c'est-à-dire u = e. Dans le même plan de phase, et par la méthode des isoclines, tracer la trajectoire suivie par e(t) à partir des mêmes conditions initiales :

$$e(0) = 0,4 \qquad \dot{e}(0) = 0.$$

d) Retrouver l'amplitude du premier dépassement relevé sur la courbe e(t) précédente et calculer l'instant de ce premier dépassement, à partir de la transmittance du système linéaire bouclé.

* * * * *

a) D'après le diagramme fonctionnel de l'asservissement

$$\frac{C(p)}{U(p)} = \frac{5}{p(1+5p)}$$

Donc $5\,\ddot{c} + \dot{c} = 5\,u$.

Comme $e = -c$, en notant u comme une fonction $g(e)$, l'équation à laquelle répond l'écart s'écrit :

$$\ddot{e} + 0,2\,\dot{e} + g(e) = 0$$

1er cas : pour $|e| < 0,1$ alors $g(e) = e$

$$\ddot{e} + 0,2\,\dot{e} + e = 0 \qquad (1)$$

2e cas : pour $e > 0,1 \quad g(e) = 0,1$

$$\ddot{e} + 0,2\,\dot{e} + 0,1 = 0 \qquad (2)$$

3e cas : pour $e < -0,1 \quad g(e) = -0,1$

$$\ddot{e} + 0,2\,\dot{e} - 0,1 = 0 \qquad (3)$$

b) Méthode des isoclines.

Si on pose $y = \frac{de}{dt}$, alors $y\,\frac{dy}{dt} = \frac{d^2e}{dt^2}$.

En remplaçant e par x, on peut alors exprimer les équations (1), (2) et (3) en fonction de y et x.

L'équation (1) devient :

$$y\,\frac{dy}{dx} + 0,2\,y + x = 0$$

L'équation des isoclines, c'est-à-dire des lieux de points de pente constante dans le plan (x,y), s'écrit :

$$\frac{dy}{dx} = -0,2 - \frac{x}{y} = T \quad \text{d'où} \quad y = -\frac{x}{0,2+T} \qquad (1')$$

où T est la pente de la courbe.

L'équation (2) devient :

$$y\frac{dy}{dx} + 0,2\,y + 0,1 = 0$$

Equation des isoclines :

$$\frac{0,1}{y} = -0,2 - T \quad \text{d'où} \quad y = -\frac{0,1}{0,2+T} \qquad (2')$$

L'équation (3) devient :

$$y\frac{dy}{dx} + 0,2\,y - 0,1 = 0$$

Equation des isoclines :

$$-\frac{0,1}{y} = -0,2 - T \quad \text{d'où} \quad y = \frac{0,1}{0,2+T} \qquad (3')$$

Les isoclines sont donc des droites. Pour une même valeur de T, on peut tracer les isoclines valides dans chaque zone du plan (x,y). L'isocline (1') est valide pour $|x| < 0,1$, l'isocline (2') pour $x > 0,1$ et (3') est valide pour $x < -0,1$. Le calcul de ces isoclines pour diverses valeurs de T produit le tableau suivant :

	T = - 2	T = - 1	T = - 0,8	T = - 0,5	T = 0	T = - 0,2
(1')	$y = \frac{x}{1,8}$	$y = \frac{x}{0,8}$	$y = \frac{x}{0,6}$	$y = \frac{x}{0,3}$	$y = -\frac{x}{0,2}$	$y \to \infty$
(2')	$y = \frac{1}{18}$	$y = \frac{1}{8}$	$y = \frac{1}{6}$	$y = \frac{1}{3}$	$y = -\frac{1}{2}$	$y \to \infty$
(3')	$y = -\frac{1}{18}$	$y = -\frac{1}{8}$	$y = -\frac{1}{6}$	$y = -\frac{1}{3}$	$y = \frac{1}{2}$	$y \to \infty$
	T = 0,1	T = 0,3	T = 0,5	T = 1	T = 2	T = 7
(1')	$y = -\frac{x}{0,3}$	$y = -\frac{x}{0,5}$	$y = -\frac{x}{0,7}$	$y = -\frac{x}{1,2}$	$y = -\frac{x}{2,2}$	$y = -\frac{x}{7,2}$
(2')	$y = -\frac{1}{3}$	$y = -\frac{1}{5}$	$y = -\frac{1}{7}$	$y = -\frac{1}{12}$	$y = -\frac{1}{22}$	$y = -\frac{1}{72}$
(3')	$y = \frac{1}{3}$	$y = \frac{1}{5}$	$y = \frac{1}{7}$	$y = \frac{1}{12}$	$y = \frac{1}{22}$	$y = \frac{1}{72}$

A l'aide de ces isoclines et à partir d'une condition initiale, on peut tracer point à point la trajectoire suivie par x dans le plan (x,y). Le résultat de ce tracé est présenté sur la figure 2.

c) Trajectoire de e(t) en l'absence de non-linéarité.

En l'absence de non-linéarité, le diagramme fonctionnel de l'asservissement devient :

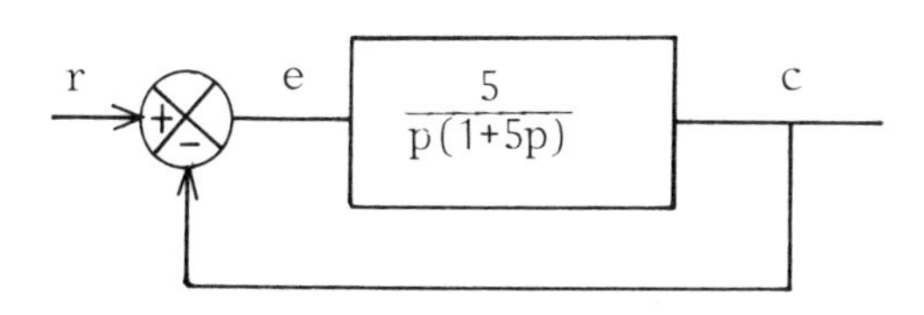

Fig. 1

L'équation à laquelle répond e s'écrit alors :

$$\ddot{e} + 0,2\,\dot{e} + e = 0$$

Après le changement de variables $x = e$ et $y = \frac{de}{dt}$, cette équation devient :

$$y\,\frac{dy}{dx} + 0,2\,y + x = 0$$

et en posant $\frac{dy}{dx} = T$

$$y = -\,\frac{x}{0,2+T}$$

On retrouve donc l'équation (1') de la question précédente.

Le tracé de la trajectoire suivie par x est présenté figure 2. On y observe un premier dépassement d'amplitude voisine de 0,3.

d) Calcul des amplitude et instant de premier dépassement.

La transmittance du système linéaire en boucle fermée s'écrit :

$$\frac{C(s)}{R(s)} = \frac{5}{5 + p(1+5p)} = \frac{5}{5p^2 + p + 5} = \frac{1}{p^2 + 0,2p + 1}$$

Elle est donc de la forme :

$$\frac{\omega_n^2}{p^2 + 2\zeta\omega_n p + \omega_n^2}$$

avec $\omega_n^2 = 1$ donc $\omega_n = 1$

et $2\zeta\omega_n = 0,2$ donc $\zeta = 0,1$.

L'instant de premier dépassement répond alors à :

$$t_p = \frac{\pi}{\omega_n\sqrt{1-\zeta^2}} = \frac{\pi}{\sqrt{0,99}} = 3,16\ \text{s}$$

et l'amplitude du premier dépassement :

$$X_1 = e^{-\frac{\pi}{\text{tg}\,\phi}}$$

$$= 0{,}73 \text{ pour l'échelon unité}$$

Dans le cas de figure, c'est-à-dire pour un échelon de 0,4, $X_1 = 0{,}29$.

On retrouve donc le résultat observé.

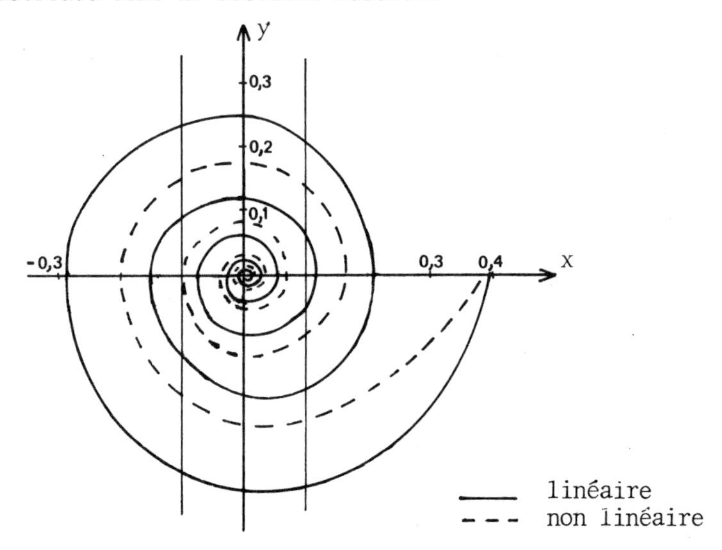

Fig. 2

<> <> <> <> <>

2.2.2 ASSERVISSEMENT DE POSITION A RELAIS

On désire asservir la position d'un moteur à une consigne $r(t)$ à l'aide d'un relais à seuil et hystérésis dont la caractéristique est présentée ci-dessous :

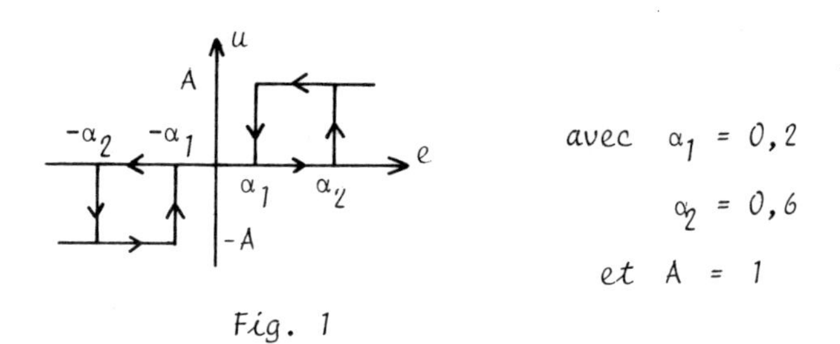

Fig. 1

Le schéma fonctionnel de l'asservissement est le suivant :

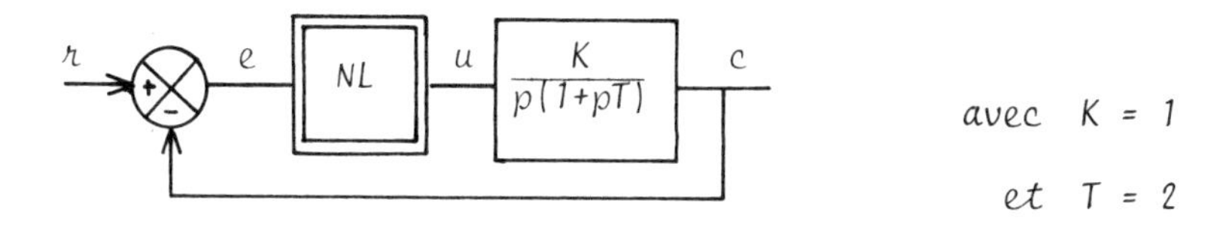

avec $K = 1$

et $T = 2$

Fig. 2

a) Etablir l'équation différentielle liant e, r et u ; appliquer à cette équation le changement de variable $\tau = t/T$.

b) En étudiant la non-linéarité, partager le plan des phases $(e, \dot{e})$ *en zones de fonctionnement. Préciser l'équation différentielle valide dans chaque zone.*

c) A l'aide de l'abaque joint (figure 3), tracer la trajectoire suivie par e quand la consigne est un échelon à partir de quelques conditions initiales.

d) La consigne r est maintenant une rampe $r = kt$, *avec* $k = 0{,}5$. *Etablir les nouvelles équations valides dans chaque zone et tracer quelques trajectoires suivies par e à partir de plusieurs conditions initiales.*

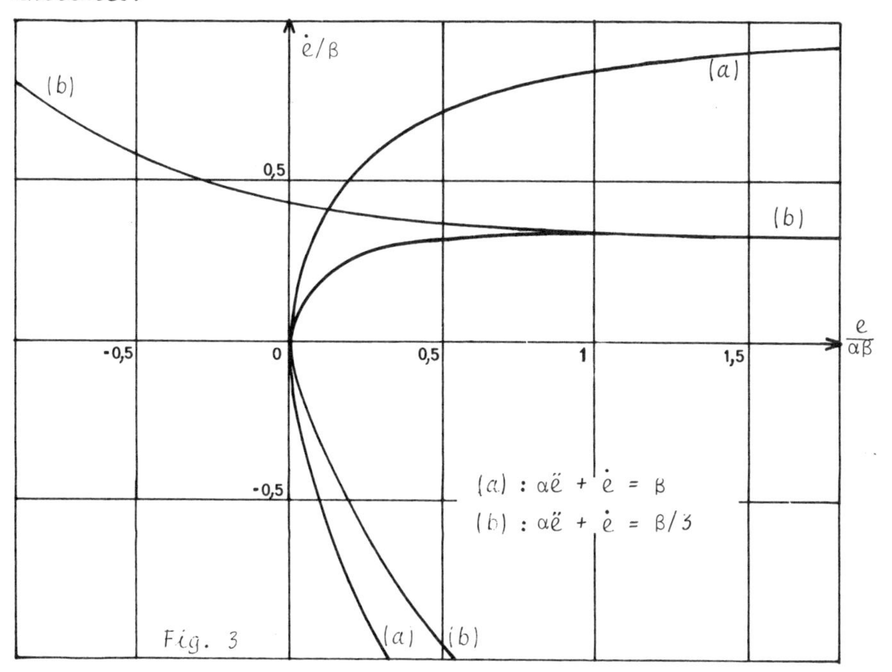

Fig. 3

a) Equation différentielle de fonctionnement.

De la transmittance :

$$\frac{C}{U} = \frac{K}{p(1+pT)}$$

on déduit l'équation différentielle liant c et u :

$$T\ddot{c} + \dot{c} = Ku$$

Comme, d'autre part e = r - c, cette équation devient :

$$T\ddot{e} + \dot{e} = -Ku + \dot{r} + T\ddot{r} \qquad (1)$$

Si on applique le changement de variable $\tau = \frac{t}{T}$, alors :

$$\dot{e} = \frac{de}{dt} = \frac{de}{d\tau}\frac{d\tau}{dt} = \frac{e'}{T} \text{ (en posant } e' = \frac{de}{d\tau}\text{), et de même } \ddot{e} = \frac{e''}{T^2}$$

Alors (1) devient : $\frac{1}{T} e'' + \frac{1}{T} e' = -Ku + \frac{1}{T} r' + \frac{1}{T} r''$

Soit :

$$e'' + e' = -KTu + r' + r'' \qquad (2)$$

b) Zones de fonctionnement dans le plan des phases.

La commande u peut prendre trois valeurs A, 0, -A, donc l'équation différentielle (2) trois formes. Ces différentes valeurs de u sont obtenues pour e et e' appartenant aux inéquations suivantes :

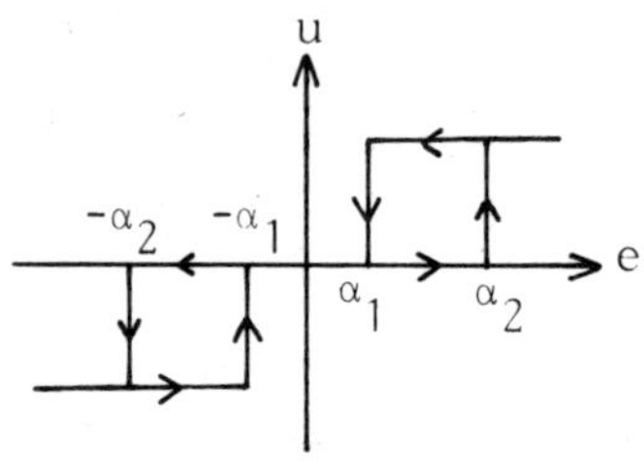

Fig. 4

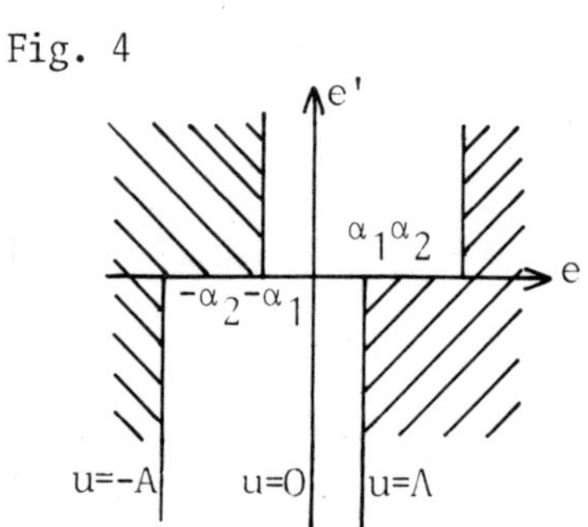

$$u = A \begin{cases} e \geqslant \alpha_2 \\ \alpha_2 > e \geqslant \alpha_1 \text{ et } e' < 0 \end{cases}$$

$$u = 0 \begin{cases} -\alpha_1 < e < \alpha_1 \\ \alpha_2 > e \geqslant \alpha_1 \text{ et } e' > 0 \\ -\alpha_1 \geqslant e > -\alpha_2 \text{ et } e' < 0 \end{cases}$$

$$u = -A \begin{cases} e \leqslant -\alpha_2 \\ -\alpha_1 \geqslant e > -\alpha_2 \text{ et } e' > 0 \end{cases}$$

Les zones de fonctionnement ainsi définies sont présentées figure 4 dans le plan des phases. Les équations différentielles s'y écrivent :

$$\begin{aligned} u = A &: \quad e'' + e' = -KTA + r' + r'' \\ u = 0 &: \quad e'' + e' = r' + r'' \qquad (3) \\ u = -A &: \quad e'' + e' = KTA + r' + r'' \end{aligned}$$

c) Réponse à un échelon de consigne.

Si r = cste, alors les équations (3) s'écrivent :

$u = A$: $e'' + e' = -KTA$: $e'' + e' = -2$

$u = 0$: $e'' + e' = 0$: $e' + e = \text{cste}$ (droite de pente -1)

$u = -A$: $e'' + e' = KTA$: $e'' + e' = +2$

Pour utiliser l'abaque joint, on se placera dans le plan $(\frac{e}{2}, \frac{e'}{2})$.

Le tracé de plusieurs trajectoires dans le plan des phases montre que l'on aboutit à un cycle limite stable (que l'on rejoint de l'extérieur comme de l'intérieur), voir figure ci-dessous.

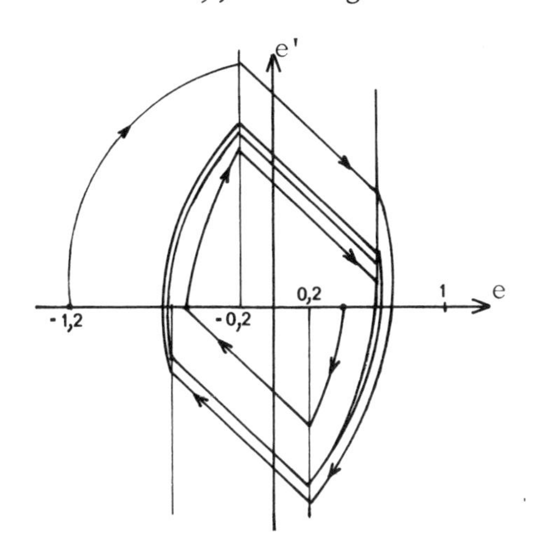

d) Réponse à une consigne en rampe.

Avec $r = kt$ alors $\dot{r} = k$ donc $r' = \dot{r}\,\frac{dt}{d\tau} = T\dot{r} = Tk$ et $r'' = 0$

et les équations (3) deviennent :

$u = A$: $e'' + e' = T(k - KA)$: $e'' + e' = -1$

$u = 0$: $e'' + e' = Tk$: $e'' + e' = 1$

$u = -A$: $e'' + e' = T(k + KA)$: $e'' + e' = 3$

Pour le tracé, on utilise l'abaque joint en se plaçant dans le plan $(\frac{e}{3}, \frac{e'}{3})$.

Le résultat est présenté page suivante.

On y observe un cycle limite qui, à la différence du cas précédent, n'est pas centré autour de l'origine. L'asservissement présente donc un écart statique moyen non nul.

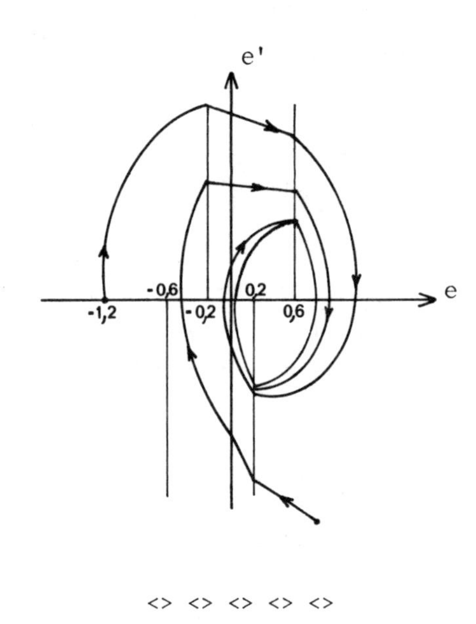

<> <> <> <> <>

2.2.3 ASSERVISSEMENT DE POSITION EN PRESENCE DE FROTTEMENTS

On désire asservir la position angulaire d'un moteur qui développe un couple C proportionnel à l'écart $\theta = \theta_e - \theta_s$. La charge du moteur est constituée d'une inertie J et d'un couple de frottement constant et de signe opposé à la vitesse. Le diagramme fonctionnel de l'asservissement est présenté en figure 1 et la non-linéarité représentative du frottement en figure 2 (version simplifiée) et en figure 3 (version réelle).

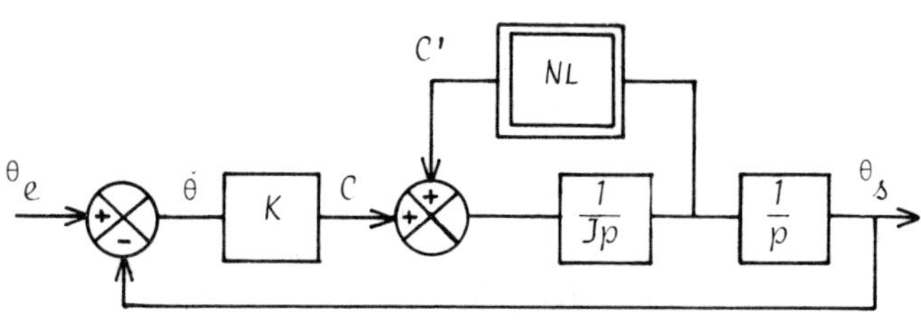

Figure 1

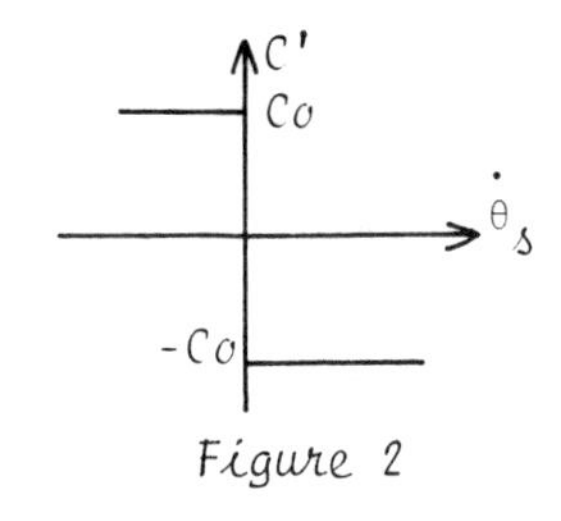

Figure 2

a) On suppose $\theta_e = 0$ et on écarte θ_s de sa position d'équilibre d'un angle θ_0 ($\dot{\theta}(0) = 0$). Déterminer l'équation différentielle en θ, la non-linéarité étant celle présentée en figure 2.

b) En posant $x = \theta\sqrt{\frac{K}{J}}$ *et* $y = \dot{\theta}$, *écrire les équations canoniques des trajectoires dans le plan de phase* (x,y). *En calculant* $x\dot{x} + y\dot{y}$, *montrer que ces trajectoires sont constituées de demi-cercles. En déterminer les centres.*

c) En prenant $J = 0{,}01$ *kg.m*^{2}, *Co = 0,01 N.m et K = 1 N.m/rad, tracer les trajectoires dans le plan de phase, issues de quelques valeurs de* θ_0. *Quelle est l'erreur statique maximale ? Pour quelles valeurs finales de C apparaît-elle ?*

d) La non-linéarité réelle est en fait celle présentée en figure 3. Elle présente un couple statique Cs que le moteur doit vaincre quand $\dot{\theta}_s = 0$. *En observant pour quelles valeurs du couple C le moteur s'immobilisait avec la non-linéarité précédente, en déduire la modification apportée par Cs aux trajectoires dans le plan de phase. Tracer quelques trajectoires; on prendra Cs = 0,04 N.m.*

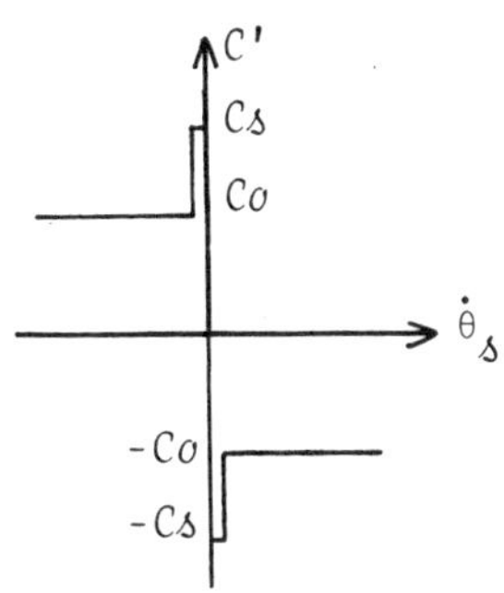

Figure 3

e) Toujours avec la non-linéarité réelle, on applique maintenant à l'asservissement une consigne en rampe $\theta_e = \alpha t$ *avec* $\alpha > 0$. *Que devient l'équation différentielle de la première question ? Partager le plan de phase en zones de fonctionnement. Que se passe-t-il quand* $\dot{\theta} = \alpha$. *Tracer les nouvelles trajectoires dans le plan* (x,y) *pour* $\alpha = 0{,}1$.

* * * * *

a) Equation différentielle en θ.

Le couple fourni par le moteur s'écrit $C = K\theta$.

Ce couple est absorbé par la charge et par le frottement Co :

$$C = J \frac{d^2\theta_s}{dt} + Co \text{ sign } \frac{d\theta_s}{dt}$$

En fonction de l'écart $\theta = \theta_e - \theta_s$, ce couple s'écrit :

$$C = - J \frac{d^2\theta}{dt^2} - Co \text{ sign } \frac{d\theta}{dt} = K\theta$$

D'où l'équation différentielle en θ :

$$J\ddot{\theta} + Co \text{ sign } \dot{\theta} + K\theta = 0$$

$$\theta(0) = \theta_o \quad \dot{\theta}(0) = 0$$

b) Equations des trajectoires du plan des phases.

On pose $x = \sqrt{\frac{K}{J}}\,\theta$ et $y = \dot{\theta}$, alors l'équation différentielle précédente devient :

$$J\dot{y} + Co \text{ sign } y + K\sqrt{\frac{J}{K}}\,x = 0$$

avec $\dot{x} = \sqrt{\frac{K}{J}}\,\dot{\theta}$

Les équations canoniques s'écrivent donc :

$$\begin{cases} \dot{y} = -\sqrt{\frac{K}{J}}\,x - \frac{Co}{J} \text{ sign } y \\ \dot{x} = \sqrt{\frac{K}{J}}\,y \end{cases}$$

Calculons $x\dot{x} + y\dot{y} = xy\sqrt{\frac{K}{J}} - \frac{Co}{J}\,y \text{ sign } y - xy\sqrt{\frac{K}{J}} = -\frac{Co}{J}\,y \text{ sign } y$

D'où : $\int (x\dot{x} + y\dot{y})\,dt = -\frac{Co}{J} \text{ sign } y \int y\,dt$

Avec : $\int y\,dt = \sqrt{\frac{J}{K}}\,x + cste$

Donc : $\frac{1}{2}(x^2 + y^2) = -\frac{C_o}{J}\sqrt{\frac{J}{K}}\,x \text{ sign } y + cste$

Les équations des trajectoires s'écrivent donc :

$$x^2 + y^2 + 2\left(\frac{Co}{\sqrt{JK}} \text{ sign } y\right).x = cste$$

où la constante d'intégration dépend des conditions initiales ou des conditions de raccordement des trajectoires.

Les trajectoires sont donc des familles de demi-cercles :

$x^2 + y^2 + 2\,\frac{Co}{\sqrt{JK}}\,x = cste$ valable dans le demi-plan supérieur $(y > 0)$

et

$x^2 + y^2 - 2\,\frac{Co}{\sqrt{JK}}\,x = cste$ dans le 1/2 plan inférieur $(y < 0)$

Les centres de ces demi-cercles sont :

$$\begin{cases} A\ (-\dfrac{Co}{\sqrt{JK}}\ ,\ 0) & \text{pour le demi-plan supérieur} \\ B\ (\ \dfrac{Co}{\sqrt{JK}}\ ,\ 0) & \text{pour le demi-plan inférieur} \end{cases}$$

c) Trajectoires dans le plan des phases.

Après application numérique, le tracé de quelques trajectoires est présenté ci-après.

Ces trajectoires s'arrêtent entre les points A et B, c'est-à-dire pour :

$$|x| < \frac{Co}{\sqrt{JK}} \quad \text{qui entraîne} \quad |C| < Co$$

Cette inéquation traduit physiquement le fait que le mouvement s'arrête quand le couple moteur n'est plus suffisant pour vaincre le frottement sec Co.

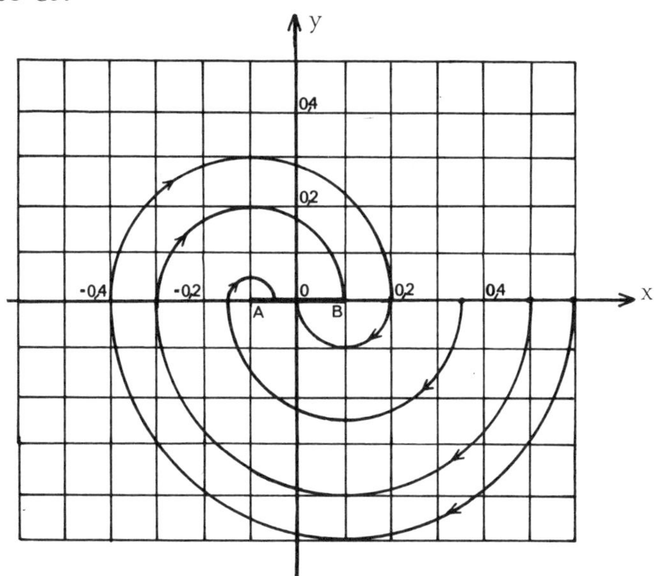

d) Frottement statique.

L'influence du frottement statique ne peut se manifester que sur l'axe y = 0 dans le plan des phases.

Or, sans frottement statique, le mouvement s'arrête quand le couple C est inférieur, en valeur absolue, à Co. Comme pour y = 0, cette valeur du couple de frottement passe à Cs en présence de frottement statique, le mouvement s'immobilisera quand $|C| < Cs$, c'est-à-dire quand $|x| < \frac{Cs}{\sqrt{JK}} = 0,4.$

Les nouvelles trajectoires sont présentées ci-dessous pour diverses valeurs de θ_o.

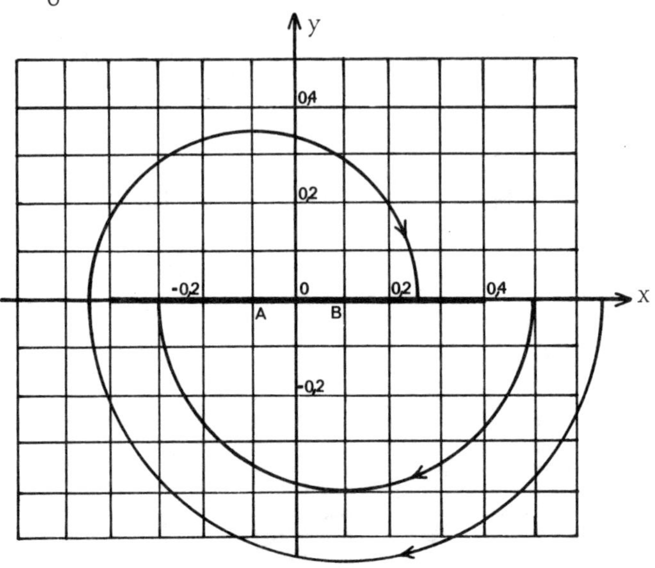

e) Réponse à une consigne en rampe.

D'après la question a)

$$J \frac{d^2\theta_s}{dt^2} + Co \text{ sign } \frac{d\theta_s}{dt} = K\theta$$

Mais avec $\theta_e = \alpha t$, $\dot{\theta}_s = \alpha - \dot{\theta}$

donc l'équation différentielle à laquelle répond θ s'écrit :

$$- J\ddot{\theta} + Co \text{ sign } (\alpha - \dot{\theta}) = K\theta$$

soit encore :

$$J\ddot{\theta} + Co \text{ sign } (\dot{\theta} - \alpha) + K\theta = 0$$

$$\theta(0) = \theta_o \qquad \dot{\theta}(0) = 0$$

Après intégration, les équations des trajectoires s'écrivent donc :

$$x^2 + y^2 + 2 \frac{Co}{\sqrt{JK}} \text{ sign } (y - \alpha) \, x = k$$

soit de nouveau des portions de cercles centrés en A et B comme précédemment. Mais les zones de fonctionnement sont maintenant séparées par l'horizontale $y = \alpha$ et les trajectoires seront centrées en

$$\begin{cases} A\ (-\dfrac{Co}{\sqrt{JK}}\ ,\ 0) & \text{pour } y > \alpha \\ B\ (\ \dfrac{Co}{\sqrt{JK}}\ ,\ 0) & \text{pour } y < \alpha \end{cases}$$

Lorsque $y = \alpha$, $\dot{\theta}_s = 0$ et le moteur doit vaincre le frottement statique Cs. Si le couple C est supérieur à Cs à ce moment, il y a commutation de trajectoire.

Si le couple C est inférieur à Cs (c'est-à-dire si $|x|$ est inférieur à 0,4 quand $y = \alpha$), alors comme $y = \dot{\theta} = \alpha$, $\theta = \alpha t + \beta$.

L'écart θ augmente donc linéairement avec le temps jusqu'à ce que $K\theta = Cs$; il y a alors commutation de trajectoire.

Comme α est positif, cela signifiera dans le plan des phases que le point représentatif de l'évolution du processus se déplacera sur l'horizontale $y = \alpha$ vers les x croissants jusqu'à $x = 0,4$.

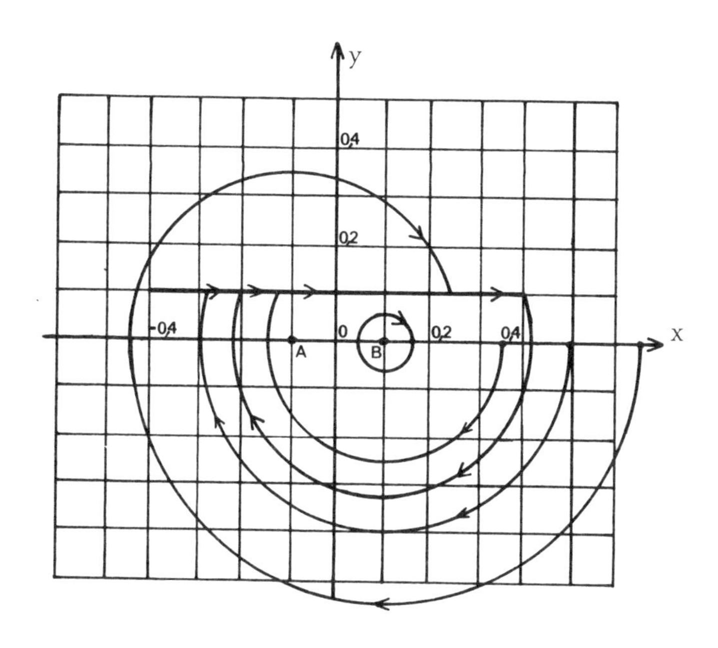

<> <> <> <> <>

2.2.4 On désire étudier le comportement de l'asservissement décrit à l'exercice 2.1.1 par la méthode du plan des phases. Pour cela :

a) Partager le plan de phase $(e, \dot{e})$ en zones de fonctionnement. Déterminer les équations différentielles valides dans ces zones pour r constant (réponse à un échelon)

$$\Delta = 0{,}1, \quad M = 1, \quad A = 0{,}1 \quad et \quad \tau = 2$$

b) En prenant K = 10, tracer les trajectoires issues de quelques conditions initiales. On utilisera l'abaque joint à l'exercice 2.2.2, Fig. 3.

c) Pour K = 2, tracer à nouveau quelques trajectoires. On pourra comparer les résultats avec ceux de l'exercice 2.1.1.

* * * * *

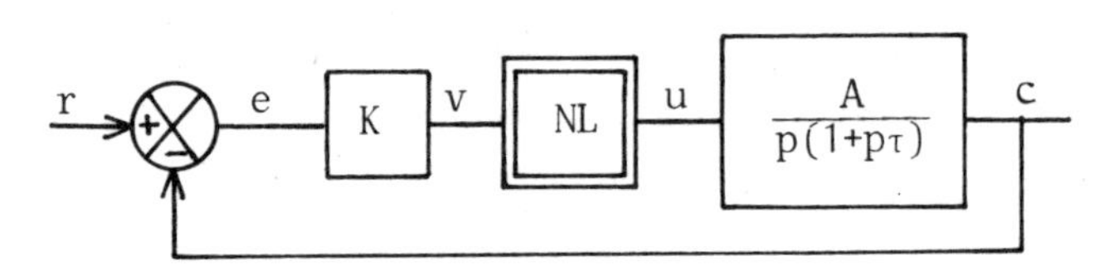

a) Equations différentielles en e.

Comme $\frac{C(p)}{U(p)} = \frac{A}{p(1+p\tau)}$, alors $\tau\ddot{c} + \dot{c} = Au$

Avec r constant, cette équation s'exprime en fonction de l'écart :

$u = M \quad : \quad \tau\ddot{e} + \dot{e} = -AM$

$u = -M \quad : \quad \tau\ddot{e} + \dot{e} = +AM$

$u = 0 \quad : \quad \tau\dot{e} + e = cste$

Zones de fonctionnement :

$u = M$ pour $v > \Delta$ et $\dot{v} < 0$ donc pour $e > \frac{\Delta}{K}$ et $\dot{e} < 0$

$u = -M$ pour $v < -\Delta$ et $\dot{v} > 0$ donc pour $e < -\frac{\Delta}{K}$ et $\dot{e} > 0$

$u = 0$ dans les autres cas

$\dot{e}$
u=-M
u=0
Δ/K
e
-Δ/K
u=M
u=0

b) Trajectoires pour K = 10.

Avec les valeurs numériques précisées dans l'énoncé, les équations d'évolution de e deviennent :

$u = 1 \quad : \quad 2\ddot{e} + \dot{e} = -1/10 \quad$ pour $e > 1/100$ et $\dot{e} < 0$

$u = 0 \quad : \quad 2\dot{e} + e = cste \quad$ dans les autres cas

$u = -1 : \quad 2\ddot{e} + \dot{e} = 1/10 \quad$ pour $e < -1/100$ et $\dot{e} > 0$

Pour le tracé, on utilise l'abaque de l'exercice 2.2.2 en se plaçant dans le plan $(\frac{e}{0,2}, \frac{\dot{e}}{0,1})$.

La trajectoire conduit à un cycle limite symétrique d'amplitude 0,14.

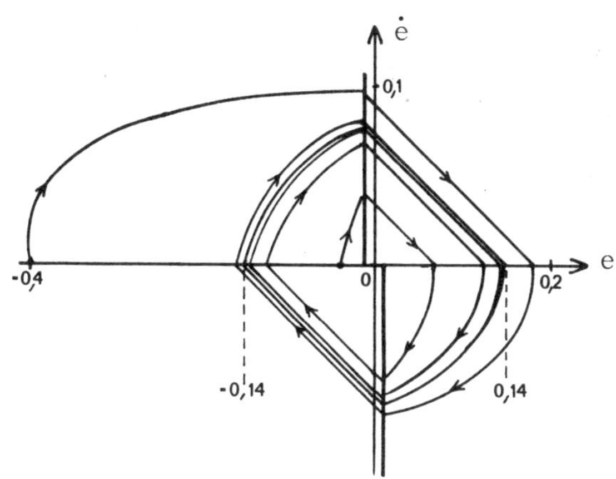

c) Pour K = 2, la trajectoire ne conduit pas à un cycle limite. Selon la condition initiale, l'écart statique sera compris entre -0,05 et +0,05.

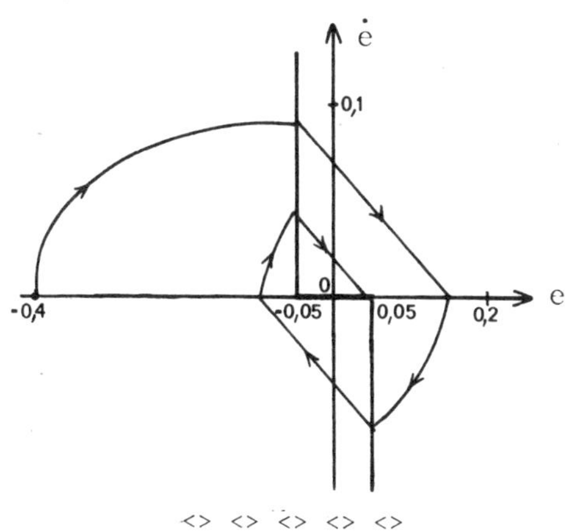

<> <> <> <> <>

2.3 PROBLÈMES

2.3.1 PILOTAGE AUTOMATIQUE D'UN AVION

Le pilotage automatique d'un avion peut être représenté par le système asservi ci-dessous :

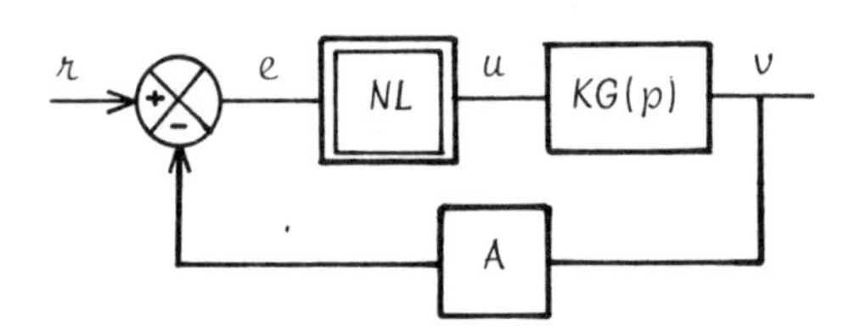

où r est le cap affiché en consigne, NL symbolise l'élément non linéaire dû à l'organe de commande des volets (non-linéarité du type seuil et saturation) :

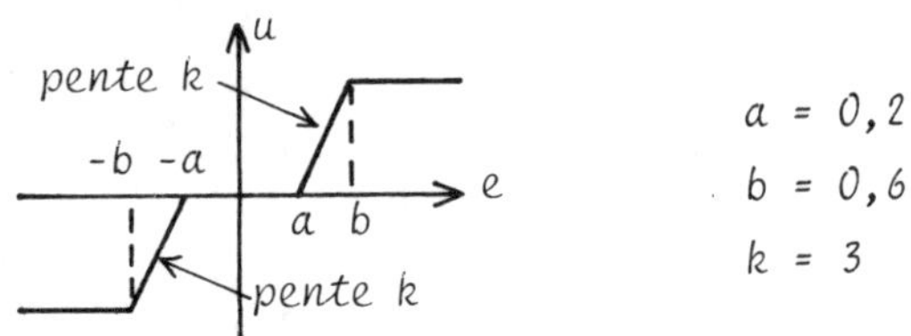

KG(p) est la transmittance de l'appareil relevée point par point à l'aide d'un transféromètre (courbe jointe) et A est le gain d'un amplificateur situé dans la boucle de contre-réaction de l'asservissement.

a) On suppose le gain A égal à 1. Calculer le gain équivalent de la non-linéarité. Montrer qu'il est maximum pour $E = \sqrt{a^2+b^2}$ (E amplitude du signal e). Quelle est alors cette valeur maximum ? Tracer le lieu critique de la non-linéarité.

b) Suivant la valeur de A, étudier la stabilité de l'asservissement. Montrer que, dans tous les cas, cette stabilité est dangereuse, c'est-à-dire que le système peut, dans certaines conditions, devenir instable.

c) On introduit maintenant dans la chaîne directe de l'asservissement, et en aval de la non-linéarité, un réseau de fonction de transfert $1/(1+pT_1)$. Pour quelles valeurs de T_1 un tel réseau permet-il de stabiliser le système ? Suivant la valeur de A, combien peut-il exis-

ter d'oscillations limites stables ?

d) On remplace le correcteur précédent par un correcteur à avance $(1+pT_2)/(1+pT_3)$. Déterminer T_2 et T_3 qui assurent à la fois la stabilité du système et des oscillations limites de pulsation minimum. Quelle est la valeur de A qui conduit à des oscillations d'amplitude minimum. Préciser, en ce cas, l'amplitude et la pulsation des oscillations de v.

e) Le correcteur précédent est maintenant placé en amont de la non-linéarité (dans la chaîne directe). Le gain A étant réglé par la question d, déterminer l'amplitude et la pulsation des éventuelles oscillations de v.

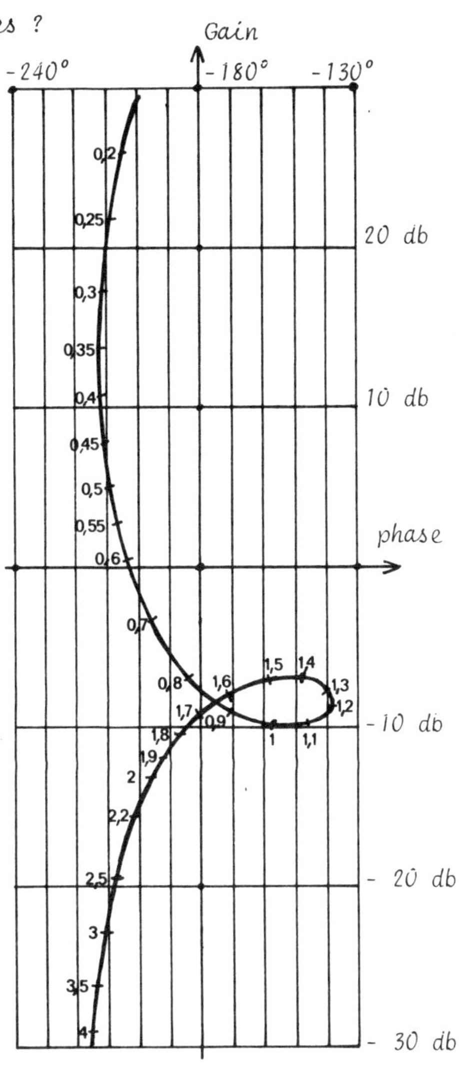

* * * * *

a) Gain équivalent de la non-linéarité.

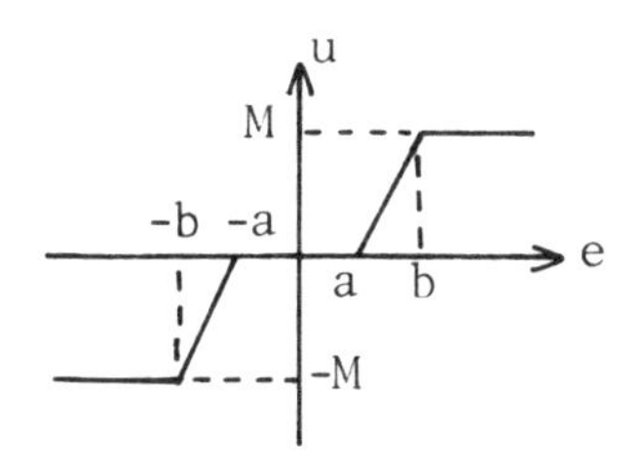

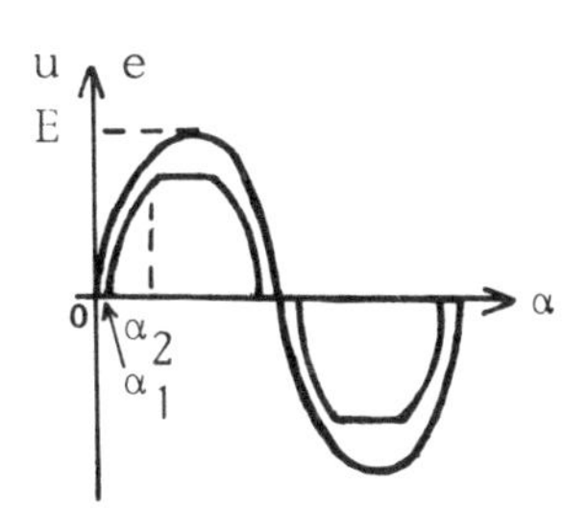

* Cas où l'amplitude E du signal d'entrée est supérieure à b.

Soit $e = E \sin \alpha$ avec $\alpha = \omega t$. Comme le signal de sortie $u(\alpha)$ est en phase avec $e(\alpha)$, son fondamental ne comportera que le terme en $\sin \alpha$. Donc, $u(t) = a_1 \sin \alpha$, avec :

$$a_1 = \frac{1}{\pi}\int_0^{2\pi} u(\alpha) \sin \alpha . d\alpha = \frac{4}{\pi}\int_0^{\pi/2} u(\alpha) \sin \alpha . d\alpha$$

Or, d'après la figure précédente :

$$u(\alpha) = 0 \quad \text{pour} \quad 0 < \alpha < \alpha_1$$
$$u(\alpha) = k(e-a) \quad \text{pour} \quad \alpha_1 < \alpha < \alpha_2$$
$$u(\alpha) = M \quad \text{pour} \quad \alpha_2 < \alpha < \pi/2$$

avec α_1 et α_2 définis par :

$$\alpha_1 = \text{Arc} \sin \frac{a}{E}$$
$$\alpha_2 = \text{Arc} \sin \frac{b}{E}$$

Remarque : comme E est supérieur à b, a/E et b/E sont inférieurs à 1.

Après intégration, et en remplaçant M par :

$$M = k(b - a) = kE(\sin \alpha_2 - \sin \alpha_1)$$

a_1 s'écrit :
$$a_1 = \frac{2kE}{\pi}\left[\alpha_2 - \alpha_1 + \frac{\sin 2\alpha_2 - \sin 2\alpha_1}{2}\right]$$

* Cas où a < E < b.

Alors la sortie u(t) n'entre pas en saturation, donc :

$$u(\alpha) = 0 \quad 0 < \alpha < \alpha_1$$
$$u(\alpha) = k(e-a) \quad \alpha_1 < \alpha < \pi/2$$

Alors l'intégration de a_1 donne pour résultat :

$$a_1 = \frac{2kE}{\pi}\left[\frac{\pi}{2} - \alpha_1 - \frac{\sin 2\alpha_1}{2}\right]$$

* Cas où E < a.

Alors $u(t) = 0$ et donc $a_1 = 0$.

* Le gain équivalent de la non-linéarité : $N_1 = a_1/E$ s'écrit donc dans ces trois cas :

$$N_1 = \frac{2k}{\pi}\left[\alpha_2 - \alpha_1 + \frac{\sin 2\alpha_2 - \sin 2\alpha_1}{2}\right] \qquad E > b$$

$$N_1 = \frac{2k}{\pi}\left[\frac{\pi}{2} - \alpha_1 - \frac{\sin 2\alpha_1}{2}\right] \qquad b > E > a$$

$$N_1 = 0 \qquad E < a$$

Le gain équivalent est donc réel, le lieu critique sera situé sur la droite verticale d'abscisse -180° du plan de Black.

Maximum du gain équivalent :

Le gain équivalent est maximum pour E vérifiant $\frac{dN_1}{dE} = 0$.

* $E > b$

Comme N_1 dépend de α_1 et α_2

$$\frac{dN_1}{dE} = \frac{\partial N_1}{\partial \alpha_1}\cdot\frac{d\alpha_1}{dE} + \frac{\partial N_1}{\partial \alpha_2}\frac{d\alpha_2}{dE} = \frac{2k}{\pi}\left[-1 - \cos 2\alpha_1\right]\frac{-a}{E\sqrt{E^2-a^2}} + \frac{2k}{\pi}\left[1 + \cos 2\alpha_2\right]\frac{-b}{E\sqrt{E^2-b^2}}$$

Comme : $\cos \alpha_1 = \sqrt{1 - \frac{a^2}{E^2}}$

alors $\cos 2\alpha_1 = 1 - \frac{2a^2}{E^2}$ et, de même, $\cos 2\alpha_2 = 1 - \frac{2b^2}{E^2}$

d'où $\frac{dN_1}{dE} = \frac{4k}{\pi E^3}\left[a\sqrt{E^2 - a^2} - b\sqrt{E^2 - b^2}\right]$

Donc : $\frac{dN_1}{dE} = 0$ entraîne $a\sqrt{E^2 - a^2} = b\sqrt{E^2 - b^2}$

c'est-à-dire $E = \sqrt{a^2 + b^2}$

* $b > E > a$

Comme, dans ce cas, N_1 ne dépend que de α_1 :

$$\frac{dN_1}{dE} = \frac{\partial N_1}{\partial \alpha_1}\frac{d\alpha_1}{dE} = (1 + \cos 2\alpha_1)\frac{a}{E\sqrt{E^2-a^2}},$$ toujours positif pour

$0 < \alpha_1 < \frac{\pi}{2}$, donc N_1 est maximum pour $E = b$.

* Le maximum global est donc obtenu en $E = \sqrt{b^2 + a^2}$ (N_1 est positif) et ce maximum vaut :

$$N_{1\ max} = \frac{2k}{\pi}\left[\alpha_2 - \alpha_1 + \frac{\sin 2\alpha_2 - \sin 2\alpha_1}{2}\right] \quad \text{pour} \quad E = \sqrt{a^2 + b^2}$$

Or : $\sin 2\alpha_1 = 2 \sin\alpha_1 \cos\alpha_1 = \frac{2ab}{E^2}$

et de même $\sin 2\alpha_2 = \frac{2ab}{E^2}$

Puisque $\sin 2\alpha_1 = \sin 2\alpha_2$, alors soit $\alpha_1 = \alpha_2 + 2k\pi$,

soit : $\alpha_1 = \frac{\pi}{2} - \alpha_2 + 2k\pi$

La première égalité entrainerait a = b, ce qui est contraire aux hypothèses. Donc, comme α_1 et α_2 appartiennent à $[0,\pi/2]$,

$$\alpha_1 = \frac{\pi}{2} - \alpha_2$$

D'où : $N_{1\ max} = \frac{2k}{\pi}\left[2\alpha_2 - \frac{\pi}{2}\right] = \frac{2k}{\pi}\left[2 \text{ Arc sin } \frac{b}{\sqrt{b^2+a^2}} - \frac{\pi}{2}\right]$

b) Etude de la stabilité de l'asservissement.

* Avec les valeurs numériques de l'énoncé, le calcul de $N_{1\ max}$ donne le résultat suivant :

$$\sqrt{\alpha^2 + b^2} = 0{,}632 \quad \text{d'où} \quad N_{1\ max} = 1{,}775$$

et $$\left|-\frac{1}{N_{1\ max}}\right| = -5 \text{ db}$$

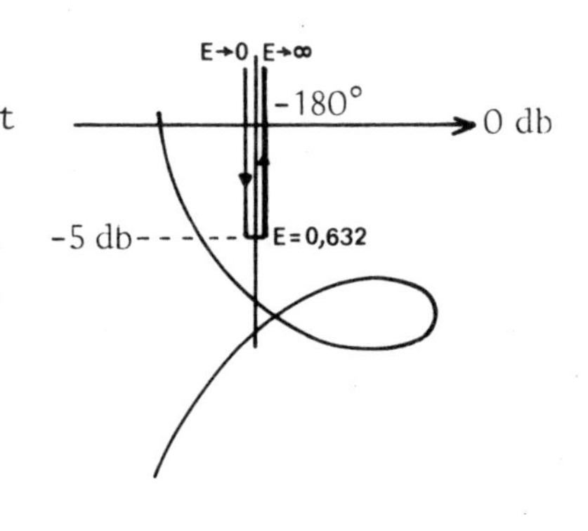

Le tracé du lieu critique (en fait superposé à la verticale d'abscisse -180°) est présenté ci-contre. Avec un gain de l'amplificateur A = 1, le lieu de transfert de KG(p) est situé à gauche du lieu critique dans le plan de Black. Le système bouclé est donc instable.

* Avec un gain A différent de 1, le diagramme fonctionnel de l'asservissement peut être mis sous la forme :

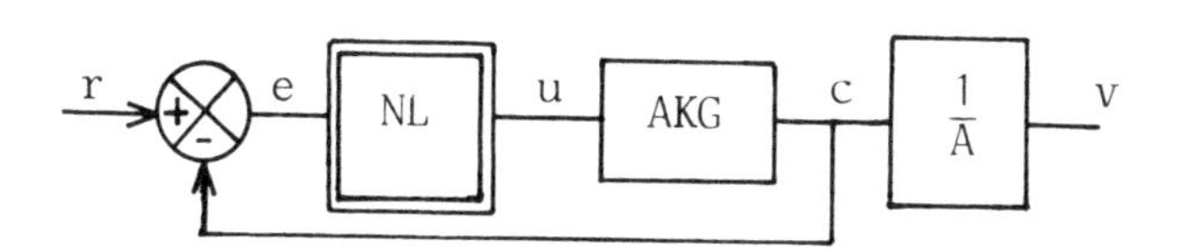

Donc, modifier A revient à déplacer le lieu de KG(p) verticale-
ent dans le plan de Black et à diviser par A les amplitudes relevées
car ce sont alors celles de c).

Diminuer A implique le déplacement vers le bas du lieu de KG(p),
t donc le système reste instable.

Augmenter A peut conduire à trois situations différentes :

* A < 2,6 db, la situation reste celle de A = 1 (système instable).

* 2,6 db ⩽ A < 3,7 db

Le système présente alors une
scillation stable (E_1) de pulsa-
ion 0,85 rd/seconde, ainsi qu'une
scillation instable (E_2) de pul-
ation voisine. Supposons le sys-
ème stabilisé en l'oscillation
$_1$ et qu'il apparaisse une pertur-
ation qui entraîne E supérieur à
$_2$, alors le système devient instable. La stabilité en E_1 est donc
angereuse.

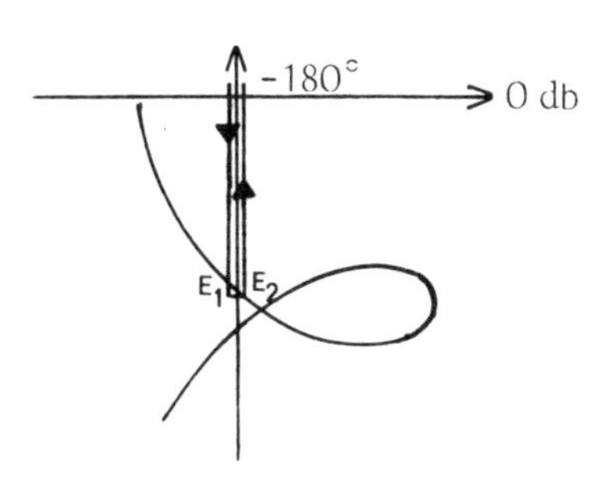

* A ⩾ 3,7 db

On observe deux oscillations
tables en E_1 et en E_3 de pulsa-
ions 0,85 et 1,7 rd/seconde.
upposons le système stabilisé en
$_1$. Si une perturbation apparaît
ntrainant l'amplitude du signal
u-delà de E_2, alors le système
iverge pour se stabiliser en E_3.
ne faible perturbation supplémentaire peut l'amener au-delà de E_4,

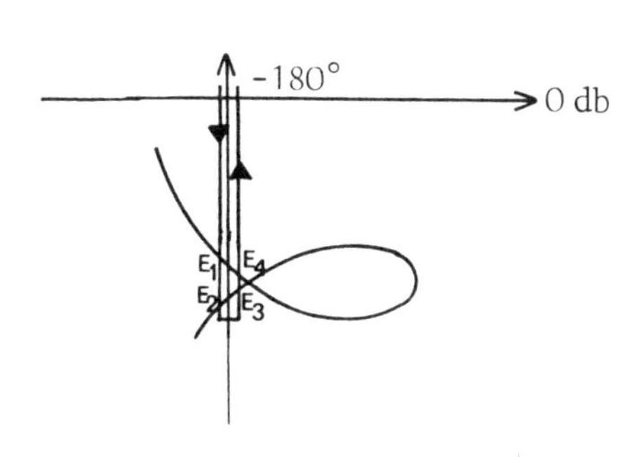

d'où instabilité. Comme E_1 et E_2, E_3 et E_4 sont très proches, l'instabilité est également dangereuse.

c) Introduction d'un réseau à retard.

Après introduction du réseau à retard, le diagramme fonctionnel de l'asservissement devient :

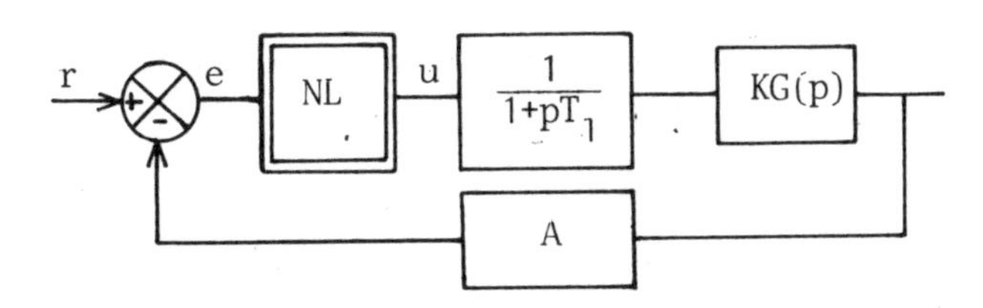

Dans le plan de Black, ce réseau engendre un déphasage négatif supplémentaire et provoque le déplacement du lieu de KG(p) vers la gauche. Une analyse similaire à celle de la question précédente permet de conclure que seuls deux cas de réglage de T_1 et A permettent de stabiliser le système.

* $0,1 \leqslant T_1 \leqslant 0,71$, pour que l'axe vertical d'abscisse -180° coupe la boucle du lieu de KG(p). Ces valeurs de T_1 ont été calculées de façon à assurer un déphasage d'au-plus -5° pour $\omega = 0,87$ rd/s et d'au-moins -41° pour $\omega = 1,2$ rd/s.

Afin d'amener le centre de la boucle sur l'axe vertical -180°, on a choisi un réseau qui engendre un déphasage de -28° pour $\omega = 1,2$ rd/s. Un tel déphasage est obtenu pour $T_1 = 0,45$. Voir courbe corrigée ci-contre.

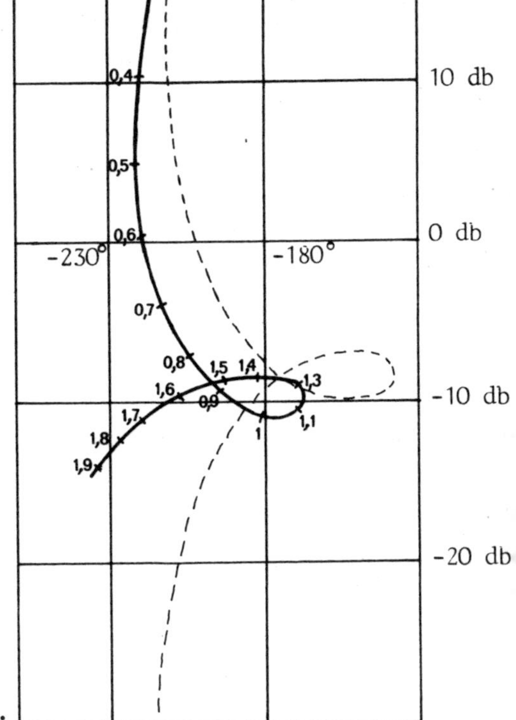

* 3,4 db ⩽ A < 5,6 db

E_1 : oscillation limite instable

E_2 : oscillation limite stable

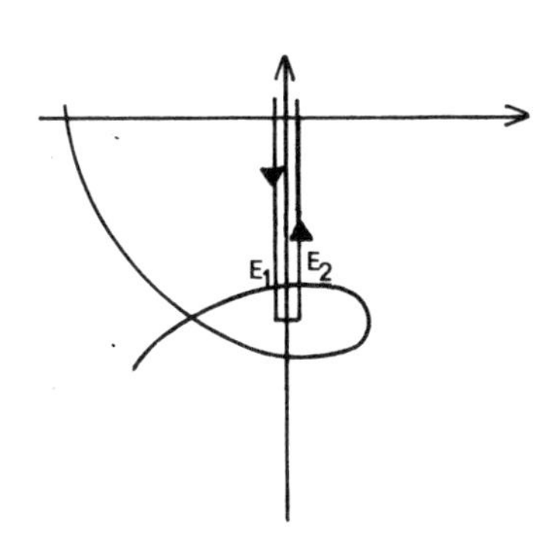

En cas de perturbation, si E est supérieur à E_1, le système revient en E_2. Si $E < E_1$, il y a disparition des oscillations.

* A ⩾ 5,6 db

E_1, E_3 : oscillations limites instables

E_2, E_4 : oscillations limites stables

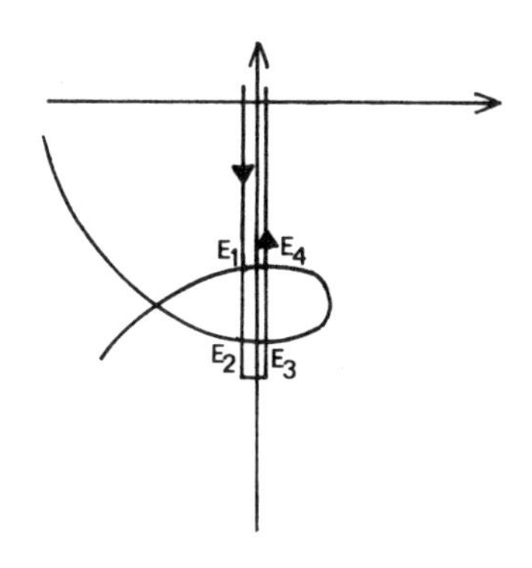

En cas de perturbation, le système se stabilise soit en E_2, soit en E_4 (selon l'amplitude de la perturbation) ou il y a disparition des oscillations.

Un tel réseau correcteur autorise donc, pour A suffisamment grand, la présence de deux oscillations limites stables, de pulsations 1 rd/s et 1,4 rd/s et d'amplitudes qui peuvent être très différentes pour A élevé. Cette éventualité peut être mal supportée par le système, et la précision, c'est-à-dire l'amplitude des oscillations limites, pourra ne pas être acceptable.

Pour obtenir une seule oscillation limite, il faut que $3{,}4 < A < 5{,}6$ db, soit $10{,}6 < A < 14{,}9$. Alors, un mauvais réglage (ou une dérive) de A entrainera, soit la présence à nouveau de 2 oscillations limites, soit l'instabilité, ce qui est à proscrire.

d) Correcteur à avance de phase.

Un correcteur du type $\frac{1+pT_2}{1+pT_3}$ peut déformer la courbe initiale des diverses façons suivantes :

* E_2, E_4, E_6 : stables

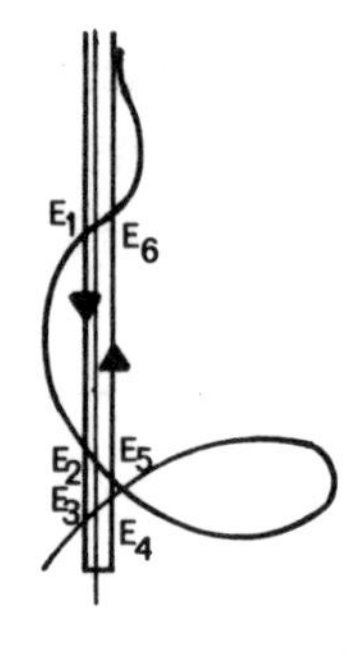

On observe en ce cas 3 oscillations stables, dont une E_6 de très grande amplitude. L'intersection des deux courbes en E_6 est mal définie. Une faible variation de T_1 ou T_2 peut déplacer considérablement ce point, donc modifier d'autant l'amplitude du cycle limite.

* E_2 : stable

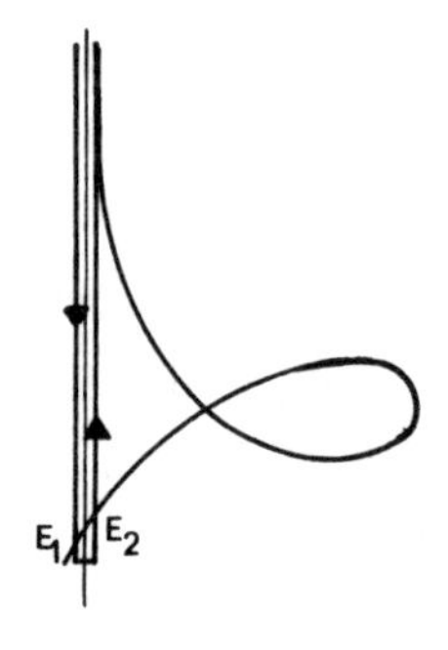

Dans ce cas, on peut observer (au plus) une seule oscillation limite stable. La stabilité est assurée.

Afin de limiter la pulsation des oscillations, on pourra construire un correcteur qui déplace la courbe le moins possible vers la droite, tout en conservant une distance suffisante avec l'axe des -180°.

Il est donc nécessaire de construire un correcteur dont l'avance de phase maximum est d'au moins 30° pour $\omega = 0,4$. Ceci est obtenu par un correcteur du type $\dfrac{1 + pT}{1 + p\dfrac{T}{a}}$ avec $a = 4$ et pour $\omega T = 2$, donc $T = 5$.

D'où : $T_2 = 5$ et $T_3 = 1,25$

La courbe corrigée par le correcteur est présentée page suivante.

Pour obtenir des oscillations d'amplitude minimum, il faut régler A à la valeur :

$$A = -4 \text{ db} = 0,631$$

Alors, cette amplitude de e est de $E = \sqrt{a^2 + b^2} = 0,632$ et sa pulsation de 1,97 rd/s.

Or, comme $e = r - A v$ avec $r = 0$ (en régulation), l'amplitude V de v sera de $V \simeq 1$.

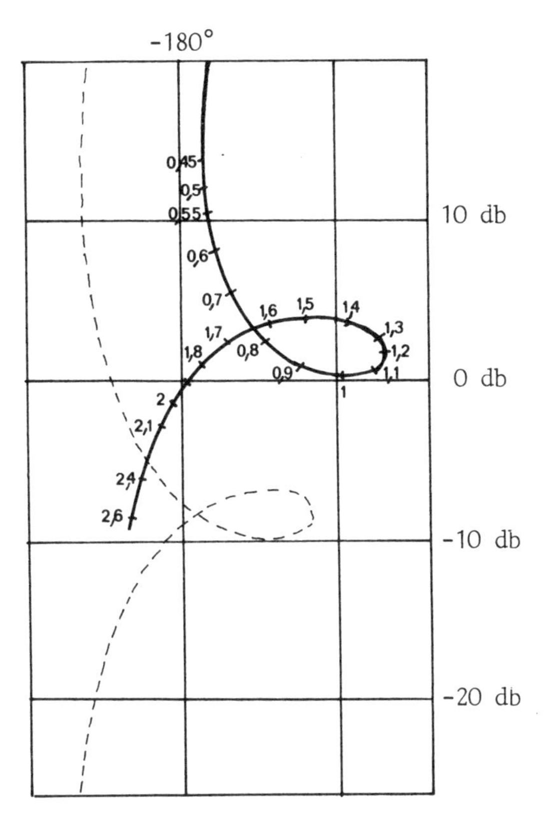

e) Correcteur placé en amont de la non-linéarité.

Dans ce cas, le diagramme fonctionnel de l'asservissement devient :

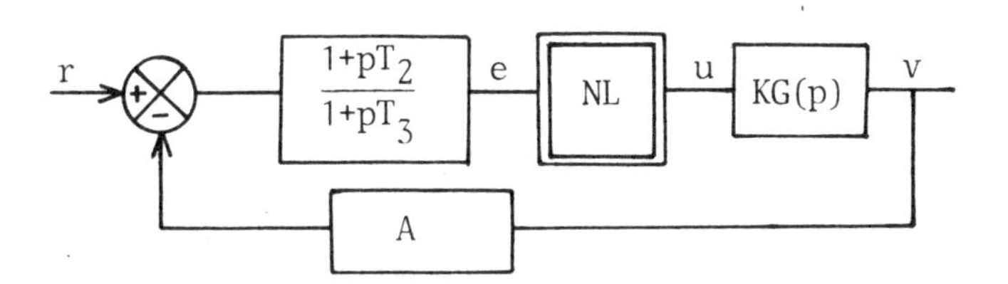

Et ce diagramme est équivalent à :

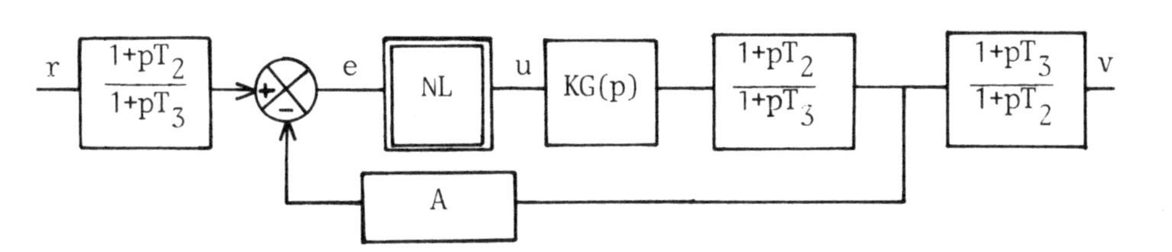

On reconnait dans la boucle de ce diagramme celui de la question précédente.

Comme on se place en régulation, r est égal à 0, et l'amplitude de v sera égale à la valeur V calculée précédemment, multipliée par le module de $(1+pT_3)/(1+pT_2)$ pour $\omega = 1,97$ rd/s. Comme ce module égale - 11,5 db, l'amplitude de v = 0,266 et $\omega \simeq 2$ rd/s.

<> <> <> <> <>

2.3.2 ETUDE D'UN RESEAU CORRECTEUR NON-LINEAIRE A AVANCE DE PHASE

On désire asservir un système dont on a identifié la fonction de transfert G_f sous la forme :

$$G_f(p) = \frac{1}{p(1+0,1p)(1+0,04p)}$$

La boucle d'asservissement proposée comprend un gain K variable et un réseau correcteur G_c suivant le schéma :

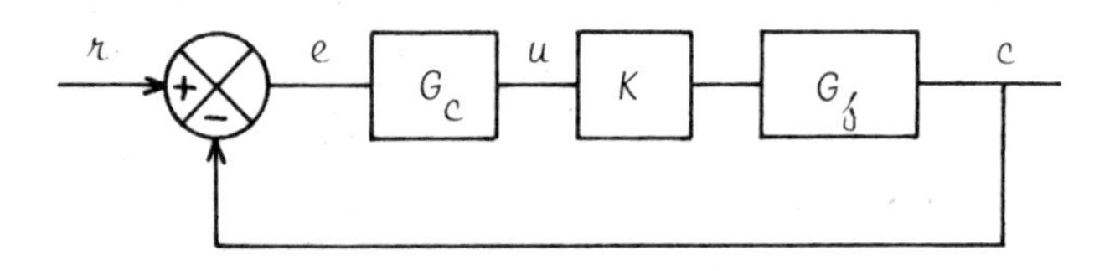

a) En l'absence de réseau correcteur, déterminer K pour que le système en boucle fermée admette une surtension de 2,3 db. Quelle est la pulsation de résonance du système en boucle fermée, sa bande passante ? De combien sont atténués les bruits qui perturbent le bon fonctionnement du système et dont la fréquence avoisine 2 Hz.

b) Afin d'accroître la rapidité de l'asservissement, on se propose d'augmenter la valeur de K aux alentours de K = 15. Déterminer les coefficients d'un correcteur linéaire $G_c(p) = \frac{1+pT}{1+pT/a}$ qui permette de conserver la même surtension (2,3 db) avec cette nouvelle valeur de K. Quelles sont alors les nouvelles valeurs de la pulsation de résonance, de la bande passante, de l'atténuation des bruits ?

c) On désire comparer ces résultats avec ceux obtenus en employant le réseau correcteur non-linéaire suivant ($\lambda > 0$) :

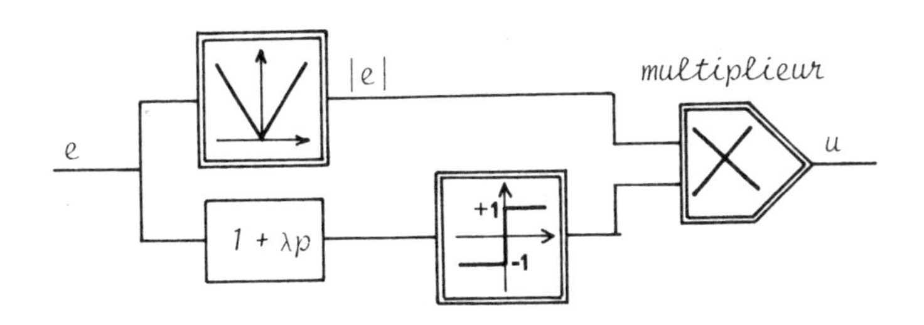

Montrer que le gain équivalent de cette non-linéarité ne dépend que de la fréquence du signal qui lui est appliqué.

d) On introduit ce réseau correcteur à la place du correcteur $G_c(p)$ précédent. Déterminer la valeur de λ qui permette d'augmenter K aux alentours de 15. Quelles sont alors les nouvelles valeurs de la pulsation de résonance, de la bande passante et de l'atténuation des bruits ?

* * * * *

a) Détermination de K (sans réseau correcteur).

D'après le tracé du lieu de $G_f(p)$ (voir figure en fin de corrigé), KG_f admettra en boucle fermée une surtension de 2,3 db pour un gain K de 17,2 db (K = 7,25). Alors la pulsation de résonance est de ω_R = 6,5 rd/s, la bande passante de 10,5 rd/s et l'atténuation des bruits de fréquence 2 Hz (12,5 rd/s) est de -6 db.

b) Calcul du correcteur linéaire à avance de phase.

Pour que le lieu de $KG_f(p)$ tangente le contour 2,3 db avec un gain K de 15, il faut avancer sa phase d'environ 25 degrés pour ω = 11 rd/s. Un réseau du type (1+pT)/(1+pT/a) assurera une telle avance pour a = 3 ; mais un tel correcteur introduit alors une augmentation du gain de 5 db. En prenant a = 5, on assurera alors une avance de phase d'environ 41 degrés qui compensera cette augmentation du gain. Cette avance de phase du réseau correcteur a lieu pour ωT = 2 ; donc, en prenant T = 0,08, la déformation du lieu de $KG_f(p)$ se produira autour de 11 rd/s.

Le réseau correcteur ainsi déterminé aura donc pour transmittance :

$$G_c(p) = \frac{1 + 0{,}08\ p}{1 + 0{,}016\ p}$$

Le lieu de $G_f\ G_c$ est présenté sur la figure en fin de corrigé.

Le lieu de KG_fG_c tangentera le contour 2,3 db pour K = 24 db, soit K = 15,85. Alors, ω_R = 12 rd/s, la bande passante est de 21,5 rd/s et les bruits de fréquence 2 Hz sont amplifiés de 2 db.

c) Gain équivalent du correcteur non-linéaire.

L'expression de la sortie u(t) du correcteur en fonction de son entrée e s'exprime analytiquement par :

$$u(t) = |e| \text{ sign } (e + \lambda \dot{e})$$

Donc, si $e = E \sin \alpha$ avec $\alpha = \omega t$, (et $E > 0$), alors :

$$u(t) = E|\sin \alpha| . \text{sign } (E \sin \alpha + \lambda\ E\ \omega \cos \alpha)$$

Si, d'autre part, on pose : $\text{tg } \phi = \lambda\ \omega$,

alors : $\quad \sin \alpha + \lambda\,\omega \cos \alpha = \sin \alpha + \text{tg } \phi \cos \alpha = \dfrac{1}{\cos \phi} \sin (\alpha + \phi)$

Comme $\lambda\omega$ est positif, ϕ est compris entre 0 et $\pi/2$, donc $\cos \phi$ est positif. D'où :

$$u(t) = E|\sin \alpha| . \text{sign } [\sin (\alpha + \phi)] \quad \text{avec} \quad 0 \leqslant \phi < \frac{\pi}{2}$$

D'où le tracé de u(t) :

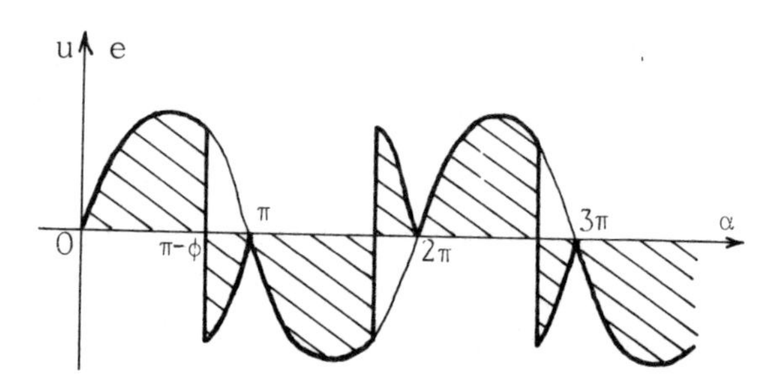

u(t) est donc une fonction périodique de moyenne nulle dont le développement en série de Fourier conduit au fondamental :

$$u_1(t) = a_1 \sin \alpha + b_1 \cos \alpha$$

avec :

$$a_1 = \frac{1}{\pi} \int_0^{2\pi} u(\alpha) \sin \alpha \, d\alpha$$

$$b_1 = \frac{1}{\pi} \int_0^{2\pi} u(\alpha) \cos \alpha \, d\alpha$$

Le calcul des coefficients a_1 et b_1 utilise les deux intégrales suivantes :

$$\int \sin^2\alpha \, d\alpha = \frac{1}{4} [2\alpha - \sin 2\alpha]$$

$$\int \sin\alpha \cos\alpha \, d\alpha = -\frac{1}{4} \cos 2\alpha$$

D'autre part, on constate sur la réponse $u(\alpha)$ que $u(\alpha+\pi) = -u(\alpha)$.

Alors le calcul de a_1 et b_1 conduit aux résultats suivants :

$$a_1 = \frac{2}{\pi}\int_0^{\pi} u(\alpha) \sin\alpha \, d\alpha = E - \frac{E}{\pi}(2\phi - \sin 2\phi)$$

$$b_1 = \frac{2}{\pi}\int_0^{\pi} u(\alpha) \cos\alpha \, d\alpha = \frac{E}{\pi}(1 - \cos 2\phi)$$

On constate donc que le gain équivalent de la non-linéarité, en module ($\sqrt{a_1^2 + b_1^2}/E$) comme en phase (Arctg b_1/a_1), ne dépend que de ϕ c'est-à-dire de ω, et non de l'amplitude des oscillations. Ce correcteur non linéaire se comporte donc comme un correcteur linéaire.

d) Application du correcteur non linéaire au système.

Le calcul de quelques valeurs du module et de la phase du gain équivalent conduit au tableau suivant :

ω	4	6	8	10	12	15	18	20	25	30
$\lvert N_1 \rvert_{db}$	-0,16	-0,45	-0,8	-1,15	-1,5	-2	-2,3	-2,5	-2,9	-3,15
$\angle N_1^\circ$	5	10,5	16	21,5	27	34	39,5	42,5	50	55,5

Comme l'avance de phase nécessaire à la correction du lieu $G_f(p)$ est d'environ 25 degrés, compte tenu de l'atténuation engendrée par le correcteur non-linéaire, une valeur de $\lambda\omega = 1$ amènera le point du lieu de pulsation 10 rd/s sur le contour 2,3 db. D'où $\lambda = 0,1$. Le lieu obtenu est représenté sur la figure ci-après.

Alors, K = 15,15, $\omega_R = 8,3$ rd/s, la bande passante est de 13,5 rd/s et les bruits de 2 Hz sont atténués de -1,4 db.

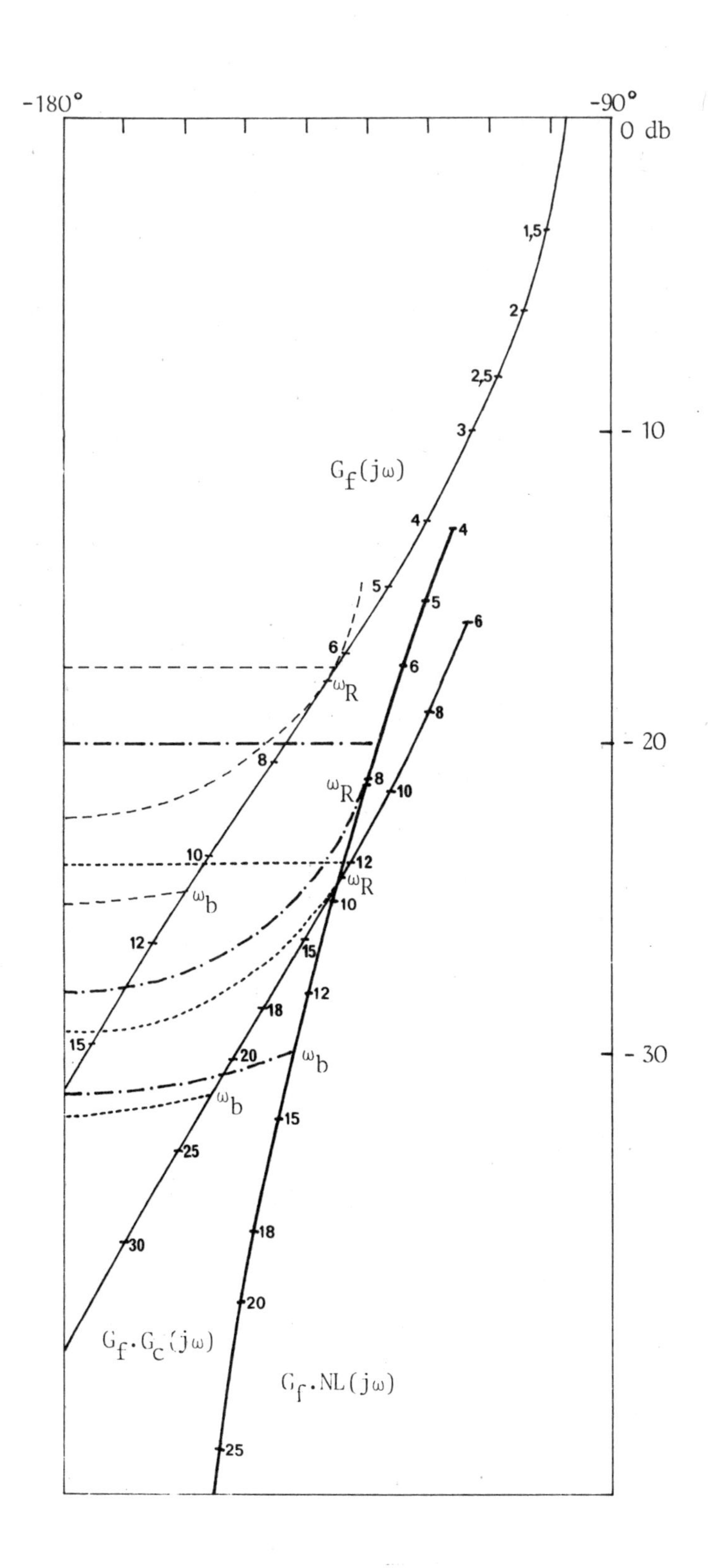
-180°
-90°
0 db
- 10
- 20
- 30
$G_f(j\omega)$
$G_f . G_c(j\omega)$
$G_f . NL(j\omega)$
ω_R
ω_R
ω_R
ω_b
ω_b
ω_b
1,5
2
2,5
3
4
5
6
8
10
12
15
4
5
6
8
10
12
15
18
20
25
6
8
10
12
15
18
20
25
30

CHAPITRE 3

Espace des états

3.1 ÉQUATION D'ÉTAT

3.1.1 TRANSMITTANCE A PÔLES MULTIPLES

Soit un processus monovariable de fonction de transfert :

$$H(p) = \frac{K}{p^2+2p+1}$$

En notant u et y respectivement l'entrée et la sortie de ce processus, représenter H(p) dans le domaine temporel sous la forme d'une équation d'état et d'une équation de mesure. Construire le schéma analogique des équations obtenues ; on adoptera les conventions suivantes:

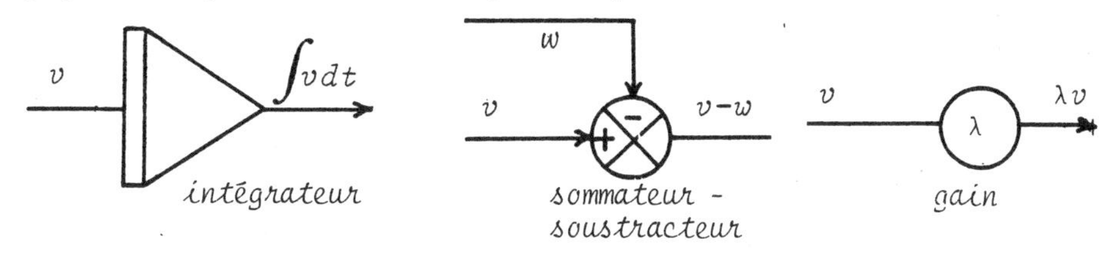

* * * * *

En notant U(p) et Y(p) les transformées de Laplace de u et y, alors :

$$H(p) = \frac{K}{p^2+2p+1} = \frac{Y(p)}{U(p)} \qquad (1)$$

Une même fonction de transfert peut être représentée par différentes équations d'état (dans le domaine temporel) selon le choix des variables d'état. En voici deux exemples :

a) Lorsque la fonction de transfert ne comporte au numérateur qu'un terme constant, la plus simple transformation en équation d'état consiste à choisir comme états la sortie et ses dérivées successives jusqu'à l'ordre n-1 où n est le degré du dénominateur. Dans notre cas :

$$y = x_1 \quad \text{et} \quad \dot{y} = x_2 \quad \text{donc} \quad \dot{x}_1 = x_2 \tag{2}$$

Dans le domaine temporel, H(p) devient :

$$\ddot{y} + 2\dot{y} + y = Ku$$

ou encore

$$\dot{x}_2 + 2x_2 + x_1 = Ku \tag{3}$$

En posant $\underline{x} = \begin{bmatrix} x_1 \\ x_2 \end{bmatrix}$, les équations (2) et (3) peuvent être rassemblées dans l'équation matricielle suivante :

$$\underline{\dot{x}} = A\,\underline{x} + \underline{b}\,u$$

avec :

$$A = \begin{bmatrix} 0 & 1 \\ -1 & -2 \end{bmatrix} \quad \text{et} \quad \underline{b} = \begin{bmatrix} 0 \\ K \end{bmatrix}$$

La sortie s'exprime en fonction de $\underline{x}$ par :

$$y = \underline{c}^T\,\underline{x} \qquad \text{avec} \qquad \underline{c}^T = [\,1 \quad 0\,]$$

Remarque : la matrice A obtenue en choisissant ainsi les états du processus est appelée matrice "compagne".

Schéma analogique :

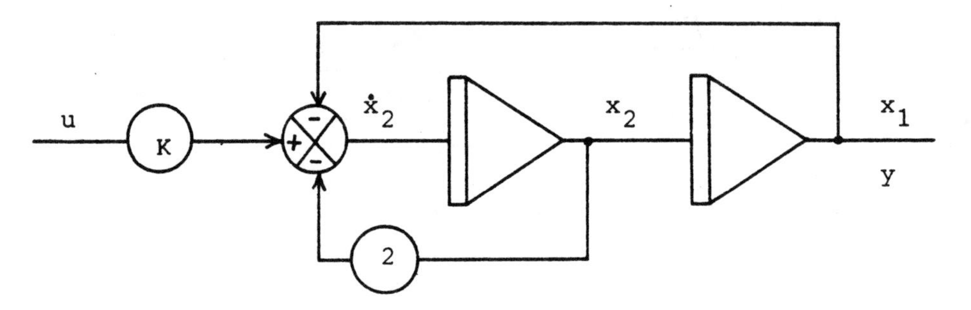

b) En décomposant la fonction de transfert ainsi :

$$H(p) = K \cdot \frac{1}{p+1} \cdot \frac{1}{p+1} = \frac{Y(p)}{U(p)} \tag{4}$$

on peut introduire deux états x_1 et x_2 en écrivant :

$$\frac{Y(p)}{U(p)} = \frac{Y(p)}{X_1(p)} \cdot \frac{X_1(p)}{X_2(p)} \cdot \frac{X_2(p)}{U(p)} \qquad (5)$$

En identifiant terme à terme les deux décompositions (4) et (5) :

$$\frac{Y(p)}{X_1(p)} = K \quad \Longrightarrow \quad y = K\,x_1$$

$$\frac{X_1(p)}{X_2(p)} = \frac{1}{p+1} \quad \Longrightarrow \quad \dot{x}_1 = -\,x_1 + x_2$$

$$\frac{X_2(p)}{U(p)} = \frac{1}{p+1} \quad \Longrightarrow \quad \dot{x}_2 = -\,x_2 + u$$

D'où une nouvelle équation d'état et de mesure :

$$\dot{\underline{x}} = A\,\underline{x} + \underline{b}\,u$$

avec $A = \begin{bmatrix} -1 & 1 \\ 0 & -1 \end{bmatrix}$ et $\underline{b} = \begin{bmatrix} 0 \\ 1 \end{bmatrix}$

$$\underline{y} = \underline{c}^T\,\underline{x} \quad \text{avec} \quad \underline{c}^T = [K \quad 0]$$

Remarque : la matrice A alors obtenue contient un bloc de Jordan.

Schéma analogique :

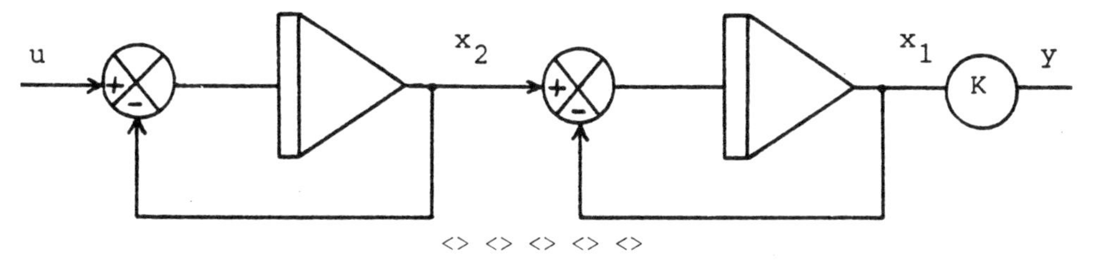

<> <> <> <> <>

3.1.2 PROCESSUS MULTIVARIABLE

Soit un processus d'entrées u_1 et u_2, de sorties y_1 et y_2 répondant aux équations différentielles suivantes :

$$\ddot{y}_1 = u_1 - 3\dot{y}_1 - 2y_2$$

$$\ddot{y}_2 + \dot{y}_1 + y_2 = u_2$$

Choisir les variables d'état et déterminer les équations d'état et de mesure qui en résultent. On construira le schéma analogique des équations obtenues.

* * * * *

Puisque les équations différentielles du système ne contiennent pas des dérivées des entrées u_1 et u_2, on peut choisir pour états les sorties et leurs dérivées premières :

$$\begin{cases} x_1 = y_1 \\ x_2 = \dot{y}_1 \end{cases} \quad \text{et} \quad \begin{cases} x_3 = y_2 \\ x_4 = \dot{y}_2 \end{cases}$$

Les équations du processus deviennent alors :

$$\begin{cases} \dot{x}_2 = u_1 - 3x_2 - 2x_3 \\ \dot{x}_4 + x_2 + x_3 = u_2 \end{cases} \quad \text{avec} \quad \begin{cases} \dot{x}_1 = x_2 \\ \dot{x}_3 = x_4 \end{cases}$$

D'où les équations d'état et de mesure :

$$\dot{\underline{x}} = A\,\underline{x} + B\,\underline{u}$$

$$\underline{y} = C\,\underline{x}$$

avec :

$$A = \begin{bmatrix} 0 & 1 & 0 & 0 \\ 0 & -3 & -2 & 0 \\ 0 & 0 & 0 & 1 \\ 0 & -1 & -1 & 0 \end{bmatrix}, \quad B = \begin{bmatrix} 0 & 0 \\ 1 & 0 \\ 0 & 0 \\ 0 & 1 \end{bmatrix}, \quad C = \begin{bmatrix} 1 & 0 & 0 & 0 \\ 0 & 0 & 1 & 0 \end{bmatrix}$$

Schéma analogique :

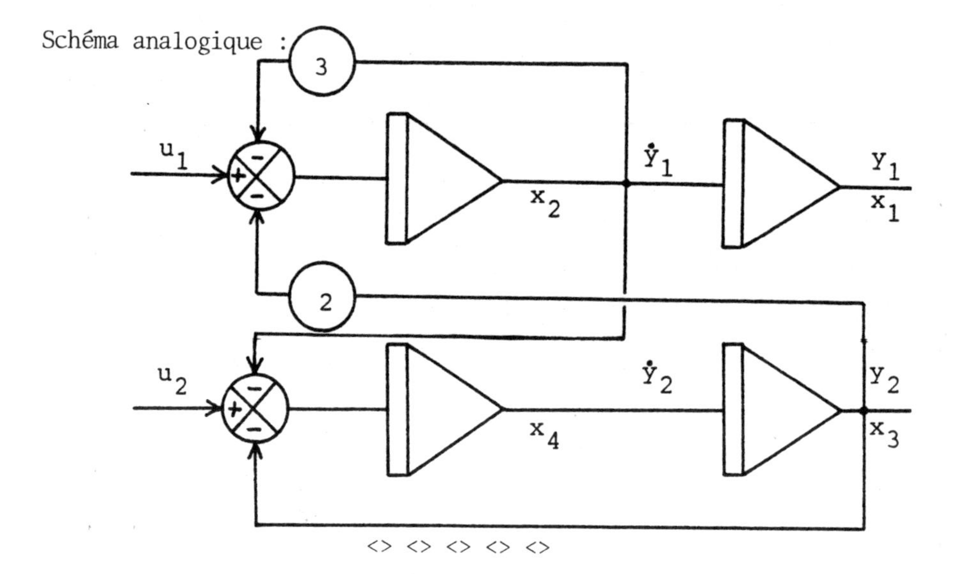

<> <> <> <> <>

3.1.3 SYSTEME ELECTRIQUE

Soit le circuit électrique suivant :

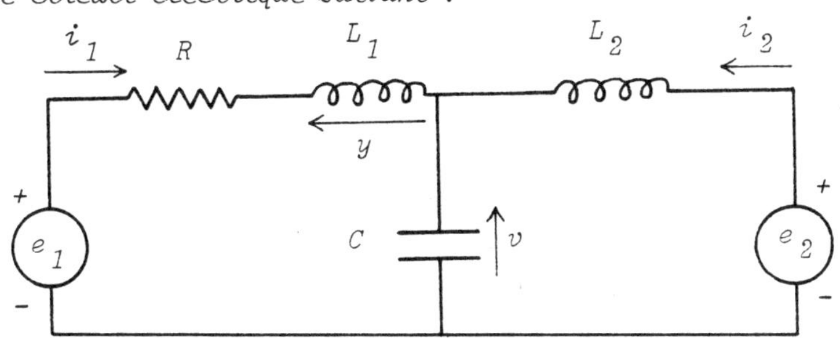

Les entrées de ce système sont les tensions e_1 et e_2, la sortie est la tension y aux bornes de la self L_1. Mettre les équations de ce système sous la forme d'équations d'état et de mesure ; on choisira pour états i_1, i_2 et v.

* * * * *

Les équations différentielles de ce système s'écrivent :

$$e_1 = R\, i_1 + L_1 \frac{di_1}{dt} + v$$

$$e_2 = L_2 \frac{di_2}{dt} + v$$

$$\frac{dv}{dt} = \frac{1}{C}(i_1 + i_2)$$

En posant $x_1 = i_1$, $x_2 = i_2$ et $x_3 = v$, ces équations deviennent :

$$\dot{x}_1 = -\frac{R}{L_1} x_1 - \frac{1}{L_1} x_3 + \frac{1}{L_1} e_1$$

$$\dot{x}_2 = -\frac{1}{L_2} x_3 + \frac{1}{L_2} e_2$$

$$\dot{x}_3 = \frac{1}{C} x_1 + \frac{1}{C} x_2$$

Donc :

$$\underline{\dot{x}} = A\,\underline{x} + B\,\underline{e}$$

avec : $$A = \begin{bmatrix} -\frac{R}{L_1} & 0 & -\frac{1}{L_1} \\ 0 & 0 & -\frac{1}{L_2} \\ \frac{1}{C} & \frac{1}{C} & 0 \end{bmatrix} \quad \text{et} \quad B = \begin{bmatrix} \frac{1}{L_1} & 0 \\ 0 & \frac{1}{L_2} \\ 0 & 0 \end{bmatrix}$$

La sortie du système répond à :

$$y = L_1 \frac{di_1}{dt} = L_1 \dot{x}_1 = - R x_1 - x_3 + e_1$$

L'équation de mesure s'écrit donc :

$$y = \underline{c}^T \underline{x} + \underline{d}^T \underline{e}$$

avec : $\underline{c}^T = [-R \quad 0 \quad -1]$ et $\underline{d}^T = [1 \quad 0]$

<> <> <> <> <>

3.1.4 GROUPE WARD - LEONARD

Le groupe Ward - Leonard de la figure ci-dessous est destiné à commander la position angulaire θ de l'inertie J entraînée par le moteur M.

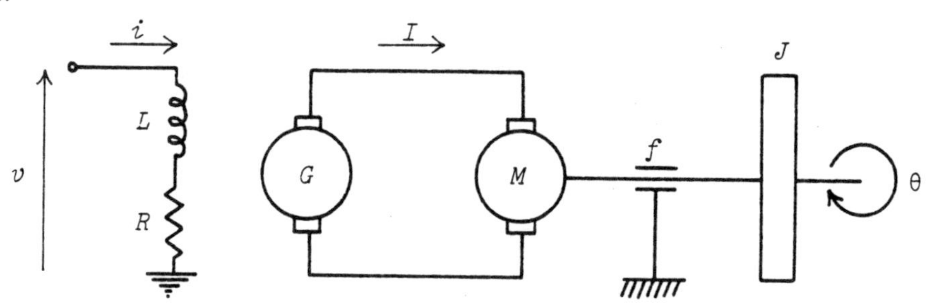

Ce système comprend une génératrice G à courant continu qui tourne à vitesse constante et qui délivre un courant I proportionnel à son courant d'excitation i : $I = K_G i$. Le courant I alimente le moteur M à courant continu dont l'excitation reste constante et qui produit un couple $C = K_C I$.

a) Mettre ce système sous forme d'équations d'état et de mesure (entrée v, sortie θ). Construire le schéma analogique correspondant.

b) On asservit la position angulaire θ de l'inertie à une consigne u en appliquant $v = A\,(u - \theta)$ où A est le gain d'un amplificateur. Mettre le système asservi sous forme d'équations d'état et de mesure (entrée u, sortie θ).

* * * * *

a) Les équations du système sont :

$$v = L\frac{di}{dt} + R\,i \qquad I = K_G\, i$$

$$C = J\frac{d^2\theta}{dt^2} + f\frac{d\theta}{dt} \qquad C = K_C\, I$$

ou encore :

$$L\frac{dI}{dt} = -R\,I + K_G\, v$$

et

$$J\frac{d^2\theta}{dt^2} = -f\frac{d\theta}{dt} + K_C\, I$$

En choisissant pour états $x_1 = \theta$, $x_2 = I$ et $x_3 = d\theta/dt$, ces équations deviennent :

$$\begin{aligned} \dot{x}_2 &= -\frac{R}{L}x_2 + \frac{K_G}{L}v \\ \dot{x}_3 &= -\frac{f}{J}x_3 + \frac{K_C}{J}x_2 \\ \dot{x}_1 &= x_3 \end{aligned} \qquad (1)$$

D'où les équations d'état et de mesure :

$$\underline{\dot{x}} = \begin{bmatrix} 0 & 0 & 1 \\ 0 & -\frac{R}{L} & 0 \\ 0 & \frac{K_C}{J} & -\frac{f}{J} \end{bmatrix}\underline{x} + \begin{bmatrix} 0 \\ \frac{K_G}{L} \\ 0 \end{bmatrix} v \qquad (2)$$

$$y = [1 \quad 0 \quad 0]\;\underline{x}$$

Remarque : ce choix des états x_1, x_2 et x_3 n'est pas unique. On peut, par exemple, exprimer la fonction de transfert $\theta(p)/v(p)$ à partir des équations (1) :

$$\frac{I(p)}{v(p)} = \frac{K_G}{Lp+R} \qquad \text{et} \qquad \frac{\theta(p)}{I(p)} = \frac{K_C}{Jp^2+fp}$$

D'où :

$$\frac{\theta(p)}{v(p)} = \frac{K_G K_C}{p(Lp+R)(Jp+f)}$$

On peut alors décomposer cette fonction de transfert sous la forme suivante :

$$\frac{\theta(p)}{v(p)} = \frac{\alpha}{p} + \frac{\beta}{Lp+R} + \frac{\gamma}{Jp+f}$$

avec $\alpha = \frac{K_G K_C}{Rf}$, $\beta = \frac{K_G K_C L^2}{R(RJ-fL)}$, $\gamma = \frac{K_G K_C J^2}{f(fL-RJ)}$

Donc : $\theta(p) = \alpha\, X_1(p) + \beta\, X_2(p) + \gamma\, X_3(p)$

en posant

$$\left.\begin{array}{lll} X_1(p) = \frac{1}{p}\, v(p) & \Longrightarrow & \dot{x}_1 = v \\ X_2(p) = \frac{1}{Lp+R}\, v(p) & \Longrightarrow & \dot{x}_2 = -\frac{R}{L}\, x_2 + v \\ X_3(p) = \frac{1}{Jp+f}\, v(p) & \Longrightarrow & \dot{x}_3 = -\frac{f}{J}\, x_3 + v \end{array}\right\} \quad (3)$$

D'où l'équation d'état :

$$\underline{\dot{x}} = \begin{bmatrix} 0 & 0 & 0 \\ 0 & -\frac{R}{L} & 0 \\ 0 & 0 & -\frac{f}{J} \end{bmatrix} \underline{x} + \begin{bmatrix} 1 \\ 1 \\ 1 \end{bmatrix} v \quad (4)$$

et l'équation de mesure :

$$y = [\alpha \quad \beta \quad \gamma]\ \underline{x}$$

Schéma analogique des équations (2)

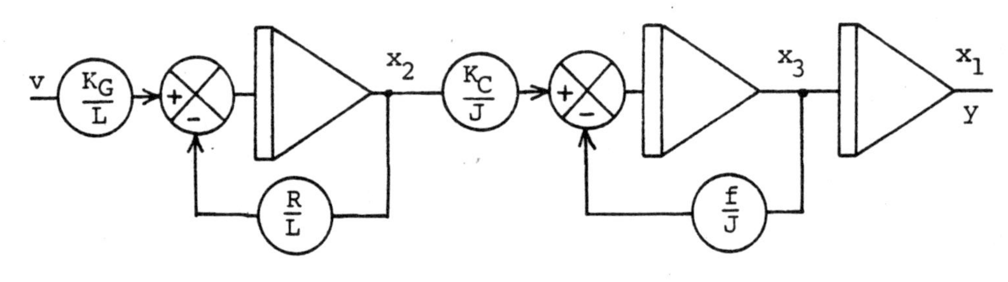

Schéma analogique des équations (4)

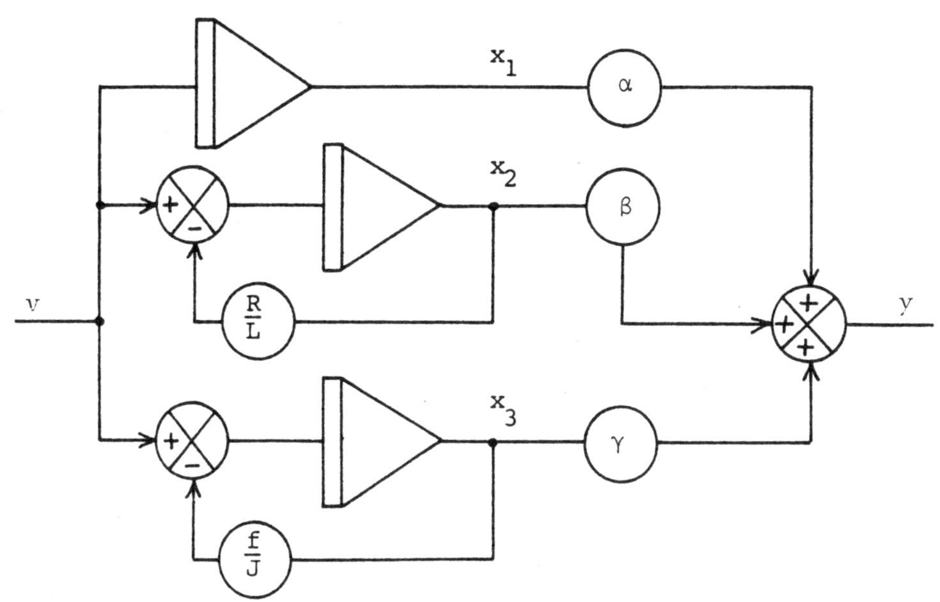

b) En boucle fermée, $v = A(u-\theta)$.

Les équations (1) se transforment alors en :

$$\dot{x}_2 = -\frac{R}{L}x_2 - \frac{K_G A}{L}x_1 + \frac{K_G A}{L}u$$

$$\dot{x}_3 = -\frac{f}{J}x_3 + \frac{K_C}{J}x_2$$

$$\dot{x}_1 = x_3$$

D'où :
$$\underline{\dot{x}} = \begin{bmatrix} 0 & 0 & 1 \\ -\frac{K_G A}{L} & -\frac{R}{L} & 0 \\ 0 & \frac{K_C}{J} & -\frac{f}{J} \end{bmatrix} \underline{x} + \begin{bmatrix} 0 \\ \frac{K_G A}{L} \\ 0 \end{bmatrix} u$$

et $y = [\;1 \quad 0 \quad 0\;]\,\underline{x}$

De même, les équations (3) se transforment en :

$$\dot{x}_1 = -A\alpha x_1 - A\beta x_2 - A\gamma x_3 + Au$$

$$\dot{x}_2 = -A\alpha x_1 - (\frac{R}{L} + A\beta)x_2 - A\gamma x_3 + Au$$

$$\dot{x}_3 = -A\alpha x_1 - A\beta x_2 - (\frac{f}{J} + A\gamma)x_3 + Au$$

D'où :

$$\dot{\underline{x}} = \begin{bmatrix} -A\alpha & -A\beta & -A\gamma \\ -A\alpha & -(\frac{R}{L}+A\beta) & -A\gamma \\ -A\alpha & -A\beta & -(\frac{f}{J}+A\gamma) \end{bmatrix} \underline{x} + \begin{bmatrix} A \\ A \\ A \end{bmatrix} u$$

$$y = [\ \alpha \quad \beta \quad \gamma\ ]\ \underline{x}$$

<> <> <> <> <>

3.1.5 PASSAGE D'EQUATION D'ETAT A TRANSMITTANCE

Soit un processus monovariable décrit par ses équations d'état et de mesure :

$$\dot{\underline{x}} = \begin{bmatrix} 0 & 1 & 0 \\ 0 & 0 & 1 \\ -1 & -3 & -4 \end{bmatrix} \underline{x} + \begin{bmatrix} 0 \\ 0 \\ 10 \end{bmatrix} u$$

$$y = [\ 1 \quad 0 \quad 0\ ]\ \underline{x}$$

Déterminer la fonction de transfert $Y(p)/U(p)$ de ce processus.

* * * * *

Après application de la transformée de Laplace, les équations :

$$\dot{\underline{x}} = A\,\underline{x} + \underline{b}\,u \qquad \text{et} \qquad y = \underline{c}^T\underline{x}$$

deviennent :

$$\underline{X}(p)\ [p\mathbb{I} - A] = \underline{b}\ U(p) \qquad \text{et} \qquad Y(p) = \underline{c}^T\ \underline{X}(p)$$

Donc : $$Y(p) = \underline{c}^T\ [p\mathbb{I} - A]^{-1}\ \underline{b}\ U(p)$$

La fonction de transfert du processus s'écrit donc :

$$Y(p)/U(p) = \underline{c}^T\ [p\mathbb{I} - A]^{-1}\ \underline{b}$$

Application numérique :

$$p\mathbb{I} - A = \begin{bmatrix} p & -1 & 0 \\ 0 & p & -1 \\ 1 & 3 & p+4 \end{bmatrix} \qquad [p\mathbb{I} - A]^{-1} = \frac{1}{\Delta} \begin{bmatrix} p(p+4)+3 & p+4 & 1 \\ -1 & p(p+4) & p \\ -p & -3p-1 & p^2 \end{bmatrix}$$

avec $\Delta = p^3 + 4\,p^2 + 3\,p + 1$

Enfin :

$$\underline{c}^T \, [p\mathbb{I} - A]^{-1} \, \underline{b} = \frac{10}{p^3 + 4\,p^2 + 3\,p + 1} = \frac{Y(p)}{U(p)}$$

<> <> <> <> <>

3.2 CHANGEMENT D'ÉTAT

3.2.1 DIAGONALISATION DE LA MATRICE D'ETAT

Un processus a été identifié sous la forme :

$$\underline{\dot{x}} = \underbrace{\begin{bmatrix} 0 & 1 \\ -2 & -3 \end{bmatrix}}_{A} \underline{x} + \underbrace{\begin{bmatrix} 2 \\ 1 \end{bmatrix}}_{\underline{b}} u \qquad\qquad y = \underbrace{[1 \quad 0]}_{\underline{c}^T} \underline{x}$$

a) Représenter le schéma analogique de ces équations.

b) Effectuer le changement d'état qui conduit à une équation où la matrice d'état est diagonale. Quelles sont alors les nouvelles équations d'état et de mesure ?

c) Représenter le schéma analogique des équations ainsi obtenues.

a) Des équations $\dot{x}_1 = x_2 + 2u$, $\dot{x}_2 = -2x_1 - 3x_2 + u$ et $y = x_1$ résultent le schéma analogique suivant :

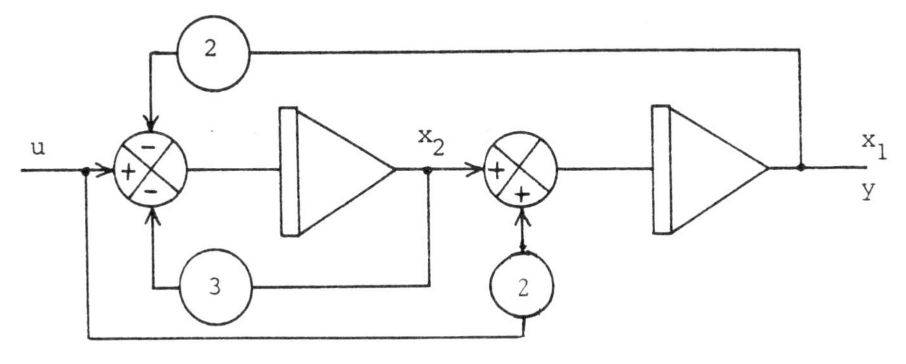

b) Pour diagonaliser la matrice d'état, on effectue le changement d'état suivant :

$\underline{x} = P\,\underline{w}$ où P est la matrice modale et $\underline{w}$ est le nouvel état

Pour calculer P, on recherche les valeurs propres de la matrice d'état initiale A ; en appelant $g(\lambda)$ le polynôme caractéristique de A, alors :

$$g(\lambda) = \det(A - \lambda \mathbb{I}) = \begin{vmatrix} -\lambda & 1 \\ -2 & -3-\lambda \end{vmatrix} = \lambda^2 + 3\lambda + 2$$

Les valeurs propres de A sont donc :

$$g(\lambda) = 0 \implies \lambda_1 = -1 \quad \text{et} \quad \lambda_2 = -2$$

Les vecteurs propres $\underline{v}_1$ et $\underline{v}_2$ de la matrice A répondent à :

$$(A - \lambda_1 \mathbb{I})\, \underline{v}_1 = \underline{0} \quad \text{et} \quad (A - \lambda_2 \mathbb{I})\, \underline{v}_2 = \underline{0} \text{ ;}$$

après calculs, les vecteurs propres obtenus sont :

$$\underline{v}_1 = \begin{bmatrix} 1 \\ -1 \end{bmatrix} \quad \text{et} \quad \underline{v}_2 = \begin{bmatrix} 1 \\ -2 \end{bmatrix}$$

La matrice modale qui est composée des vecteurs propres s'écrit donc :

$$P = \begin{bmatrix} 1 & 1 \\ -1 & -2 \end{bmatrix}$$

Le changement d'état conduit donc aux nouvelles équations suivantes :

$$\begin{cases} P\, \dot{\underline{w}} = A\, P\, \underline{w} + \underline{b}\, u \\ y = \underline{c}^T P\, \underline{w} \end{cases}$$

ou encore :

$$\begin{cases} \dot{\underline{w}} = P^{-1} A\, P\, \underline{w} + P^{-1} \underline{b}\, u \\ y = \underline{c}^T P\, w \end{cases}$$

Après application numérique :

$$\dot{\underline{w}} = \begin{bmatrix} -1 & 0 \\ 0 & -2 \end{bmatrix} \underline{w} + \begin{bmatrix} 5 \\ -3 \end{bmatrix} u$$

$$y = [\, 1 \quad 1 \,]\, \underline{w}$$

c) Schéma analogique

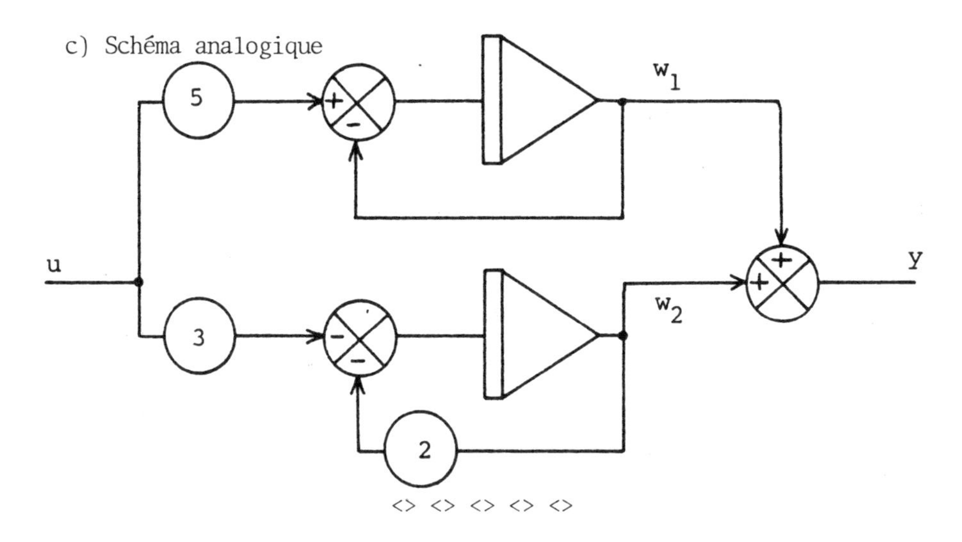

<> <> <> <> <>

3.2.2 SIMPLIFICATION DE L'EQUATION D'ETAT

Soit un processus d'entrée u et dont la sortie y répond à l'équation différentielle suivante :

$$\dddot{y} + 6\,\ddot{y} + 11\,\dot{y} + 6\,y = \dddot{u} + 8\,\ddot{u} + 17\,\dot{u} + 8\,u$$

a) Construire le schéma analogique de cette équation.

b) En choisissant pour états les sorties des intégrateurs du schéma analogique, déterminer les équations d'état et de mesure du processus sous la forme :

$$\begin{cases} \dot{\underline{x}} = A\,\underline{x} + \underline{b}\,u \\ y = \underline{c}^T\underline{x} + d\,u \end{cases}$$

c) Effectuer les changements d'état permettant de simplifier ces équations sous la forme :

$$\begin{cases} \dot{\underline{w}} = D\,\underline{w} + \underline{f}\,u \\ y = \underline{h}^T\underline{w} + u \end{cases}$$

où $\underline{w}$ *est le nouveau vecteur d'état,* D *une matrice diagonale et* $\underline{f}$ *un vecteur dont tous les éléments sont égaux à 1.*

d) Construire le schéma analogique des équations obtenues.

* * * * *

a) Pour construire le schéma analogique de l'équation différentielle du processus, on peut utiliser la méthode de Hoener. Pour cela, on applique la transformée de Laplace à cette équation :

$$p^3 Y + 6\,p^2 Y + 11\,pY + 6\,Y = p^3 U + 8\,p^2 U + 17\,pU + 8\,U$$

et on divise par p^3 :

$$Y = U + p^{-1}(8U - 6Y) + p^{-2}(17U - 11Y) + p^{-3}(8U - 6Y)$$

Après factorisation :

$$Y = U + \underbrace{p^{-1}(8U - 6Y + \underbrace{p^{-1}(17U - 11Y + \underbrace{p^{-1}(8U - 6Y)}_{X_3})}_{X_2})}_{X_1}$$

Donc :

$$\begin{aligned} Y &= U + X_1 \\ X_1 &= p^{-1}(8U - 6Y + X_2) \\ X_2 &= p^{-1}(17U - 11Y + X_3) \\ X_3 &= p^{-1}(8U - 6Y) \end{aligned} \qquad (1)$$

On en déduit le schéma analogique suivant :

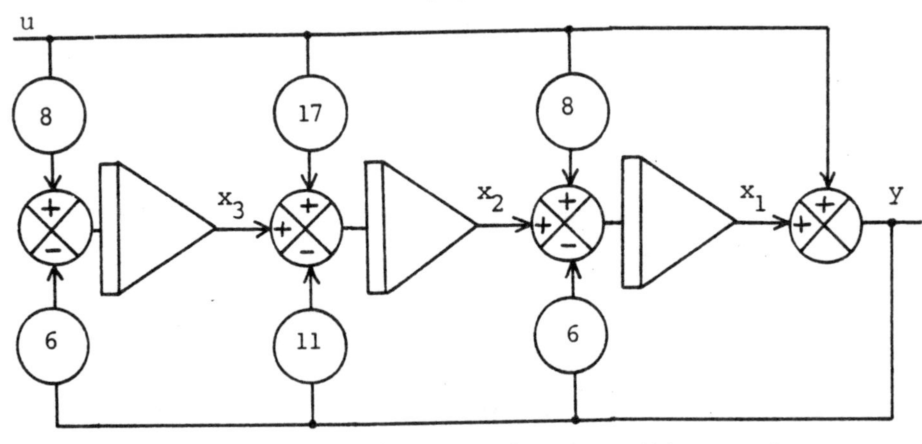

b) A partir de (1), on déduit les équations d'état et de mesure :

$$\begin{aligned} \dot{x}_1 &= 8u + x_2 - 6y &&= x_2 - 6x_1 + 2u \\ \dot{x}_2 &= 17u + x_3 - 11y &&= x_3 - 11x_1 + 6u \\ \dot{x}_3 &= 8u - 6y &&= -6x_1 + 2u \\ y &= x_1 + u \end{aligned}$$

D'où :

$$\left\{\begin{array}{l} \dot{\underline{x}} = \begin{bmatrix} -6 & 1 & 0 \\ -11 & 0 & 1 \\ -6 & 0 & 0 \end{bmatrix} \underline{x} + \begin{bmatrix} 2 \\ 6 \\ 2 \end{bmatrix} u \\ \\ y = [\,1 \quad 0 \quad 0\,]\,\underline{x} + u \end{array}\right. \qquad (2)$$

c) Le polynôme caractéristique de la matrice A s'écrit :

$$g(\lambda) = \det\,(A - \lambda\mathbb{I}) = -\,(\lambda^3 + 6\,\lambda^2 + 11\,\lambda + 6)$$

Ce polynôme s'annule pour :

$$\lambda_1 = -\,1, \qquad \lambda_2 = -\,2, \qquad \lambda_3 = -\,3$$

Le calcul des vecteurs propres conduit à la matrice modale :

$$P = \begin{bmatrix} 1 & 1 & 1 \\ 5 & 4 & 3 \\ 6 & 3 & 2 \end{bmatrix}$$

En effectuant alors le changement d'état $\underline{x} = P\,\underline{z}$, les équations (2) deviennent :

$$\dot{\underline{z}} = P^{-1}A\,P\,\underline{z} + P^{-1}\underline{b}\,u$$

$$y = \underline{c}^T P\,\underline{z} + u$$

Après application numérique :

$$\left\{\begin{array}{l} \dot{\underline{z}} = \begin{bmatrix} -1 & 0 & 0 \\ 0 & -2 & 0 \\ 0 & 0 & -3 \end{bmatrix} \underline{z} + \begin{bmatrix} -1 \\ 2 \\ 1 \end{bmatrix} u \\ \\ y = [\,1 \quad 1 \quad 1\,]\,\underline{z} + u \end{array}\right.$$

Pour transformer le vecteur d'entrée $\begin{bmatrix} -1 \\ 2 \\ 1 \end{bmatrix}$ en le vecteur $\underline{f} = \begin{bmatrix} 1 \\ 1 \\ 1 \end{bmatrix}$, on pose :

$$\begin{bmatrix} -1 \\ 2 \\ 1 \end{bmatrix} = \begin{bmatrix} -1 & 0 & 0 \\ 0 & 2 & 0 \\ 0 & 0 & 1 \end{bmatrix} \begin{bmatrix} 1 \\ 1 \\ 1 \end{bmatrix} = V\,\underline{f}$$

puis, on effectue le changement d'état $\underline{z} = V\,\underline{w}$; alors :

$$\begin{cases} \dot{\underline{w}} = \begin{bmatrix} -1 & 0 & 0 \\ 0 & -2 & 0 \\ 0 & 0 & -3 \end{bmatrix} \underline{w} + \begin{bmatrix} 1 \\ 1 \\ 1 \end{bmatrix} u \\ \\ y = [-1 \quad 2 \quad 1] \; \underline{w} + u \end{cases} \tag{3}$$

d) Le schéma analogique des équations (3) est alors le suivant :

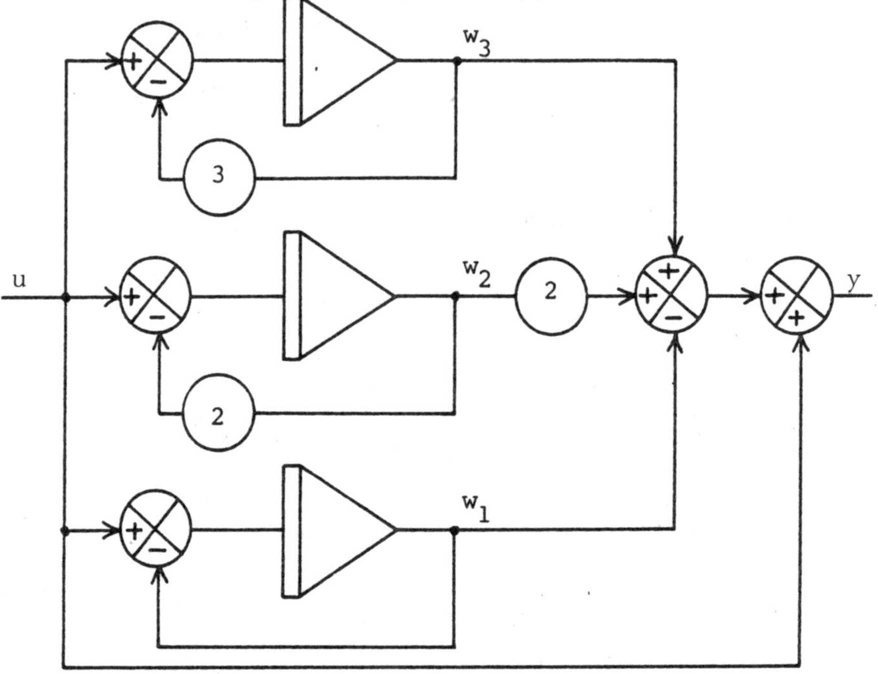

3.2.3 *VALEURS PROPRES MULTIPLES*

Soit le processus monovariable décrit par les équations :

$$\begin{cases} \dot{\underline{x}} = A\,\underline{x} + \underline{b}\,u \\ y = \underline{c}^T \underline{x} \end{cases} \quad \text{avec} \quad A = \begin{bmatrix} 0 & 1 & 0 \\ 0 & 0 & 1 \\ 0 & -1 & -2 \end{bmatrix}, \quad b = \begin{bmatrix} 0 \\ 1 \\ 1 \end{bmatrix}, \quad \underline{c}^T = [1 \quad 0 \quad 1]$$

a) Effectuer le changement d'état qui conduit à une matrice d'état contenant un bloc de Jordan.

b) Exprimer la fonction de transfert $Y(p)/U(p)$ de ce processus, puis retrouver le résultat précédent en décomposant cette fonction de transfert et en choisissant convenablement les nouvelles variables d'état.

c) Construire le schéma analogique des équations d'état et de me-

sure initiales, ainsi que celui des équations obtenues après transformation.

* * * * *

a) Le polynôme caractéristique de la matrice A s'écrit :

$$g(\lambda) = \det (A - \lambda \mathbb{I}) = - \lambda^3 - 2 \lambda^2 - \lambda$$

d'où les valeurs propres de A :

$$g(\lambda) = 0 \implies \begin{array}{l} \lambda_1 = 0 \\ \lambda_2 = -1 \quad \text{(valeur propre double)} \end{array}$$

Dans le cas d'une valeur propre multiple, il est impossible de diagonaliser A. Il est cependant toujours possible de trouver une matrice T telle que $T^{-1}AT$ contienne sur la diagonale les valeurs propres de A, ainsi qu'un bloc de Jordan pour la valeur propre multiple :

$$T^{-1}AT = \begin{bmatrix} 0 & 0 & 0 \\ 0 & -1 & 1 \\ 0 & 0 & -1 \end{bmatrix} \text{ que l'on pose } = \Delta \qquad (1)$$

La matrice T répond donc à l'équation : $AT = T\Delta$ (2)

En notant $\underline{t}_1$, $\underline{t}_2$, $\underline{t}_3$ les vecteurs colonnes de T, l'équation (2) peut s'écrire :

$$A\,[\underline{t}_1\ \underline{t}_2\ \underline{t}_3] = [\underline{t}_1\ \underline{t}_2\ \underline{t}_3] \begin{bmatrix} 0 & 0 & 0 \\ 0 & -1 & 1 \\ 0 & 0 & -1 \end{bmatrix}$$

D'où :

$$\begin{cases} A\,\underline{t}_1 = \underline{0} & (3) \\ A\,\underline{t}_2 = -\,\underline{t}_2 & (4) \\ A\,\underline{t}_3 = \underline{t}_2 - \underline{t}_3 & (5) \end{cases}$$

La résolution de l'équation (3) conduit à :

$$\underline{t}_1 = \begin{bmatrix} \alpha \\ 0 \\ 0 \end{bmatrix} \quad \text{où } \alpha \text{ peut être fixé arbitrairement}$$

La résolution des équations (4) et (5) conduit à :

$$\underline{t}_2 = \begin{bmatrix} \beta \\ -\beta \\ \beta \end{bmatrix} \quad \text{et} \quad \underline{t}_3 = \begin{bmatrix} \beta-\gamma \\ \gamma \\ -\beta-\gamma \end{bmatrix}$$ où β et γ peuvent être fixés arbitrairement

Avec $\alpha = 1$, $\beta = 1$ et $\gamma = 0$, on obtient alors la matrice T suivante:

$$T = \begin{bmatrix} 1 & 1 & 1 \\ 0 & -1 & 0 \\ 0 & 1 & -1 \end{bmatrix}$$

Le changement d'état $\underline{x} = T\,\underline{z}$ conduit alors aux nouvelles équations d'état et de mesure suivantes :

$$\dot{\underline{z}} = T^{-1}A\,T\,\underline{z} + T^{-1}\underline{b}\,u \qquad \text{et} \qquad y = \underline{c}^T T\,\underline{z}$$

avec :

$$T^{-1}A\,T = \Delta, \qquad T^{-1}\underline{b} = \begin{bmatrix} 3 \\ -1 \\ -2 \end{bmatrix}, \qquad \underline{c}^T T = [1 \quad 2 \quad 0]$$

b) La fonction de transfert H(p) du processus répond à :

$$Y(p)/U(p) = H(p) = \underline{c}^T[p\mathbb{I} - A]^{-1}\,\underline{b}$$

$$[p\mathbb{I} - A]^{-1} = \frac{1}{p(p+1)^2}\begin{bmatrix} (p+1)^2 & p+2 & 1 \\ 0 & p(p+2) & p \\ 0 & -p & p^2 \end{bmatrix}$$

D'où :

$$H(p) = \frac{p^2+3}{p(p+1)^2}$$

En décomposant H(p) en une somme de fractions rationnelles :

$$H(p) = \frac{3}{p} - \frac{2}{p+1} - \frac{4}{(p+1)^2} = \frac{Y(p)}{U(p)}$$

On peut alors poser :

$$Y(p) = Z_1(p) + 2Z_2(p)$$

avec $$Z_1(p) = \frac{3}{p}\,U(p) \qquad (6)$$

$$Z_2(p) = -\left[\frac{1}{p+1} + \frac{2}{(p+1)^2}\right]U(p) = \frac{1}{p+1}\,[-U(p) + Z_3(p)] \qquad (7)$$

et $$Z_3(p) = -\frac{2}{p+1}\,U(p) \qquad (8)$$

Dans le domaine temporel, les équations (6), (7), (8) s'écrivent :

$$\begin{cases} \dot{z}_1 = 3\,u \\ \dot{z}_2 = -\,z_2 + z_3 - u \\ \dot{z}_3 = -\,z_3 - 2\,u \end{cases} \quad \text{avec} \quad y = z_1 + 2z_2 \qquad (9)$$

On retrouve ainsi les résultats de la question précédente.

c) Les équations initiales du processus s'écrivent :

$$\begin{cases} \dot{x}_1 = x_2 \\ \dot{x}_2 = x_3 + u \\ \dot{x}_3 = -\,x_2 - 2x_3 + u \end{cases} \quad \text{et} \quad y = x_1 + x_3$$

D'où le schéma analogique :

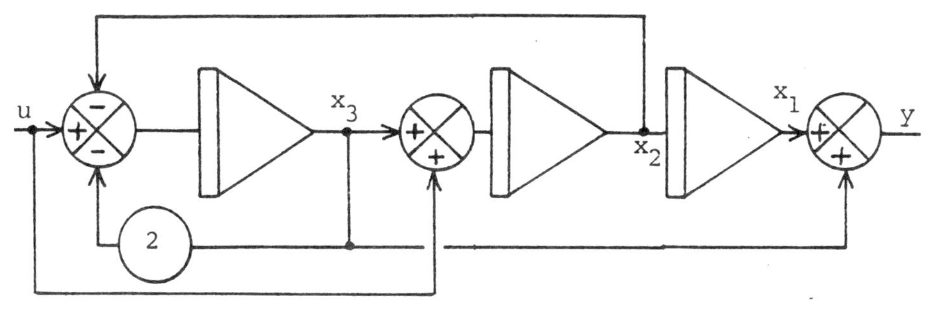

Le schéma analogique correspondant aux équations (9) est alors :

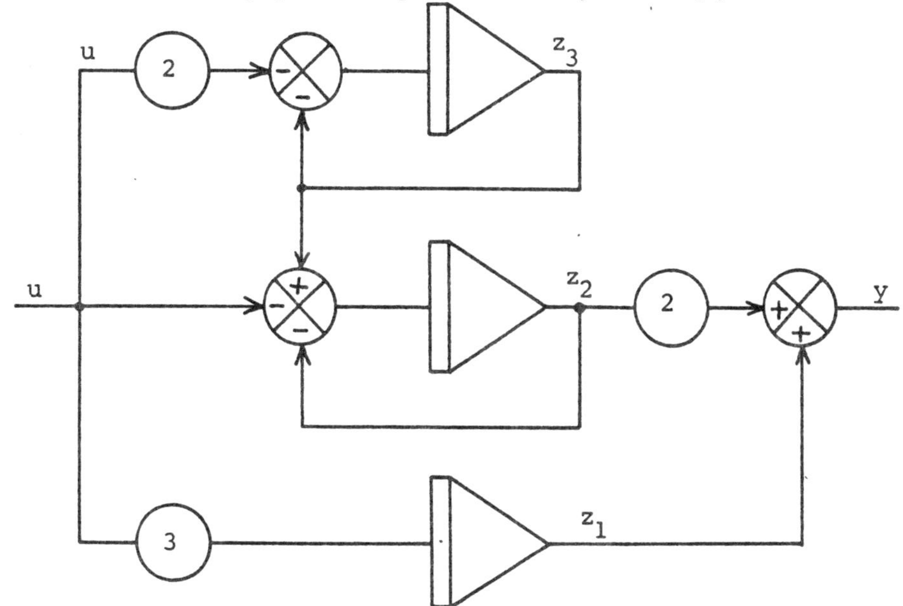

3.2.4 VALEURS PROPRES COMPLEXES

a) Mettre sous forme d'équation d'état l'équation différentielle représentée par la fonction de transfert :

$$\frac{Y(p)}{U(p)} = \frac{K}{(p+\alpha)^2 + \omega^2} \qquad (K, \alpha, \omega \text{ positifs})$$

b) Diagonaliser la matrice d'état obtenue et réaliser les changements de variable qui conduisent à :

$$\dot{\underline{z}} = G\,\underline{z} + \underline{\ell}\,u$$

$$y = \underline{d}^T \underline{z}$$

où $\underline{z}$ est le nouvel état (après changements de variable), où G est une matrice antisymétrique dont tous les éléments sont réels, et où $\underline{\ell}^T = [0 \quad 1]$.

* * * * *

a) Dans le domaine temporel, la transmittance Y(p)/U(p) s'écrit :

$$\ddot{y} + 2\,\alpha\,\dot{y} + (\alpha^2 + \omega^2)\,y = K\,u \qquad (1)$$

En posant $y = x_1$ et $\dot{y} = x_2$, l'équation (1) se met sous la forme

$$\dot{x}_2 = -\,2\,\alpha\,x_2 - (\alpha^2 + \omega^2)\,x_1 + K\,u$$

avec :

$$\dot{x}_1 = x_2$$

D'où les équations d'état et de mesure :

$$\dot{\underline{x}} = \underbrace{\begin{bmatrix} 0 & 1 \\ -\alpha^2-\omega^2 & -2\alpha \end{bmatrix}}_{A} \underline{x} + \underbrace{\begin{bmatrix} 0 \\ K \end{bmatrix}}_{\underline{b}} u \qquad y = \underbrace{[1 \quad 0]}_{\underline{c}^T}\,\underline{x} \qquad (2)$$

b) Le polynôme caractéristique de A s'écrit :

$$g(\lambda) = \lambda^2 + 2\,\alpha\,\lambda + \alpha^2 + \omega^2$$

Il s'annule pour $\lambda = -\,\alpha \pm j\omega$

On peut donc choisir pour vecteurs propres $\begin{bmatrix} 1 \\ -\alpha+j\omega \end{bmatrix}$ et $\begin{bmatrix} 1 \\ -\alpha-j\omega \end{bmatrix}$

Soit donc le changement d'état :

$$\underline{x} = P\,\underline{w} \qquad \text{avec} \qquad P = \begin{bmatrix} 1 & 1 \\ -\alpha+j\omega & -\alpha-j\omega \end{bmatrix}$$

Les nouvelles équations d'état et de mesure s'écrivent alors :

$$\dot{\underline{w}} = \begin{bmatrix} -\alpha+j\omega & 0 \\ 0 & -\alpha-j\omega \end{bmatrix} \underline{w} + \begin{bmatrix} -jK/2\omega \\ jK/2\omega \end{bmatrix} u \qquad (3)$$

et $y = [\,1 \quad 1\,]\,\underline{w}$

On constate donc que la matrice d'état ainsi obtenue contient des éléments complexes. Pour les éliminer, on effectue un changement d'état supplémentaire :

$$\underline{w} = L\,\underline{v} \qquad \text{avec} \qquad L = \frac{1}{2}\begin{bmatrix} 1 & -j \\ 1 & +j \end{bmatrix}$$

soit $\underline{x} = P\,L\,\underline{v}$

ce qui donne :

$$\dot{\underline{v}} = (PL)^{-1} A(PL)\,\underline{v} + (PL)^{-1}\,\underline{b}\,u$$

$$\dot{\underline{v}} = \begin{bmatrix} -\alpha & \omega \\ -\omega & -\alpha \end{bmatrix} \underline{v} + \begin{bmatrix} 0 \\ K/\omega \end{bmatrix} u \qquad (4)$$

et

$$y = \underline{c}^T\,(PL)\,\underline{v}$$

$$y = [1 \quad 0]\,\underline{v}$$

Pour obtenir le vecteur $\underline{\ell}$ dans l'équation (4), il est nécessaire d'effectuer un dernier changement d'état

$$\underline{v} = F\,\underline{z} \qquad \text{avec} \qquad F = \frac{K}{\omega}\begin{bmatrix} 1 & 0 \\ 0 & 1 \end{bmatrix}$$

D'où les équations :

$$\dot{\underline{z}} = \begin{bmatrix} -\alpha & \omega \\ -\omega & -\alpha \end{bmatrix} \underline{z} + \begin{bmatrix} 0 \\ 1 \end{bmatrix} u \qquad (5)$$

$$y = [K/\omega \quad 0]\,\underline{z}$$

Ce résultat a donc finalement été obtenu par le changement d'état global

$$\underline{x} = P\ L\ F\ \underline{z}$$

avec

$$P\ L\ F = \frac{K}{\omega}\begin{bmatrix} 1 & 0 \\ -\alpha & \omega \end{bmatrix}$$

<> <> <> <> <>

3.3 OBSERVABILITÉ - COMMANDABILITÉ

3.3.1 PROCESSUS MONOVARIABLE

Soit le processus monovariable défini par

$$\begin{cases} \dot{\underline{x}} = A\,\underline{x} + \underline{b}\,u \\ y = \underline{c}^T\underline{x} \end{cases} \quad \text{avec} \quad A = \begin{bmatrix} 0 & 1 & 0 \\ 0 & 0 & 1 \\ 0 & -1 & -2 \end{bmatrix},\ \underline{b} = \begin{bmatrix} 0 \\ 1 \\ 1 \end{bmatrix},\ \underline{c}^T = [0 \quad 1 \quad 1]$$

a) Est-il commandable et observable ?

b) Retrouver les résultats obtenus en transformant les équations initiales de façon à obtenir une matrice d'état contenant un bloc de Jordan.

c) Quelle est la fonction de transfert de ce processus ?

d) Mêmes questions pour le processus de l'exercice 3.2.3.

* * * * *

a) La matrice de commandabilité de l'état s'écrit :

$$[\underline{b} \,\vdots\, A\,\underline{b} \,\vdots\, A^2 b] = \begin{bmatrix} 0 & 1 & 1 \\ 1 & 1 & -3 \\ 1 & -3 & 5 \end{bmatrix}$$

Le déterminant de cette matrice étant différent de 0, l'état du système est complètement commandable.

La matrice de commandabilité de la sortie s'écrit :

$$[\underline{c}^T\underline{b} \,\vdots\, \underline{c}^T A\,\underline{b} \,\vdots\, \underline{c}^T A^2 \underline{b}] = [1 \quad -2 \quad 2]$$

Comme cette matrice est de rang 1, la sortie du système est commandable.

La matrice d'observabilité de l'état s'écrit :

$$[\underline{c} \mid A^T\underline{c} \mid A^{T^2}\underline{c}] = \begin{bmatrix} 0 & 0 & 0 \\ 1 & -1 & 1 \\ 1 & -1 & 1 \end{bmatrix}$$

Cette matrice est de rang 1, donc il n'y a qu'un seul état observable.

b) La matrice A de cet exercice est la même que celle de l'exercice 3.2.3. Donc le changement d'état

$$\underline{x} = T\,\underline{z} \qquad \text{avec} \qquad T = \begin{bmatrix} 1 & 1 & 1 \\ 0 & -1 & 0 \\ 0 & 1 & 1 \end{bmatrix}$$

conduit aux nouvelles équations :

$$\dot{\underline{z}} = \begin{bmatrix} 0 & 0 & 0 \\ 0 & -1 & 1 \\ 0 & 0 & -1 \end{bmatrix} \underline{z} + \begin{bmatrix} 3 \\ -1 \\ -2 \end{bmatrix} u$$

$$y = [0 \quad 0 \quad -1]\ \underline{z}$$

Tous les modes sont donc commandables, mais seul le troisième est observable.

c) La fonction de transfert du processus répond à :

$$Y(p)/U(p) = \underline{c}^T[p\mathbb{I} - A]^{-1}\ \underline{b}$$

avec :

$$[p\mathbb{I} - A]^{-1} = \frac{1}{p(p+1)^2} \begin{bmatrix} (p+1)^2 & p+2 & 1 \\ 0 & p(p+2) & p \\ 0 & -p & p^2 \end{bmatrix}$$

Donc :

$$\frac{Y(p)}{U(p)} = \frac{2p+2p^2}{(p+1)^2} = \frac{2}{p+1}$$

La représentation minimale du processus sous forme d'équation d'état n'introduit donc qu'un seul état.

d) Pour le processus de l'exercice 3.2.3, la matrice de commandabilité de l'état est la même que celle calculée en a), donc l'état du système est complètement commandable.

La matrice de commandabilité s'écrit :

$$[\underline{c}^T\underline{b} \mid \underline{c}^T A\, \underline{b} \mid \underline{c}^T A^2 \underline{b}] = [1 \quad -2 \quad 6]$$

Donc la sortie du processus est commandable.

La matrice d'observabilité s'écrit :

$$[\underline{c} \mid A^T \underline{c} \mid A^{T^2} \underline{c}] = \begin{bmatrix} 1 & 0 & 0 \\ 0 & 0 & 2 \\ 1 & -2 & 4 \end{bmatrix}$$

Comme cette matrice est de rang 3, tous les états du système sont observables.

Ces résultats sont confirmés par la solution de l'exercice 3.2.3.

<> <> <> <> <>

3.3.2 OBSERVATEUR

Soit le processus défini par

$$\begin{cases} \dot{\underline{x}} = A\,\underline{x} + B\,\underline{u} \\ \underline{y} = C\,\underline{x} \end{cases} \quad \text{avec } A = \begin{bmatrix} -1 & 0 & 0 \\ 0 & -2 & 0 \\ 0 & 0 & -3 \end{bmatrix}, \quad B = \begin{bmatrix} 1 & 1 \\ 0 & 1 \\ 0 & 1 \end{bmatrix} \quad \text{et} \quad C = \begin{bmatrix} 1 & 2 & 1 \\ 0 & 1 & 1 \end{bmatrix}$$

a) Est-il commandable et observable ?

b) On constate, en résolvant la question a), que l'état $\underline{x}$ de ce processus est observable et on désire effectivement l'observer. Or, on ne mesure que la sortie $\underline{y}$. C'est pourquoi, on se propose de reconstruire l'état $\underline{x}$ en introduisant une variable z supplémentaire de façon à ce que :

$$\begin{bmatrix} z \\ \underline{y} \end{bmatrix} = \begin{bmatrix} \underline{m}^T \\ C \end{bmatrix} \underline{x} \qquad \text{où } \underline{m}^T \text{ est un vecteur à déterminer}$$

Si la matrice $\begin{bmatrix} \underline{m}^T \\ C \end{bmatrix}$ *est régulière, on pourra alors déduire $\underline{x}$ de z et $\underline{y}$.*

On cherche donc à obtenir z. Montrer que si z répond à une équation différentielle de la forme :

$$\dot{z} = d\,z + \underline{e}^T \underline{y} + \underline{\ell}^T u$$

il existe deux relations entre A, B, C, $\underline{m}$, d, $\underline{e}$ et $\underline{\ell}$. En fixant alors

$$\underline{e}^T = [1 \ \cdot 1] \quad et \quad d = -4$$

en déduire les expressions de $\underline{m}$ et $\underline{\ell}$.

On dit alors qu'on a construit un observateur de l'état du processus.

c) Etablir le schéma analogique du processus et de son observateur; on y représentera l'état observé.

* * * * *

a) La matrice de commandabilité de l'état s'écrit :

$$[B \mid A\,B \mid A^2B] = \begin{bmatrix} 1 & 1 & -1 & -1 & 1 & 1 \\ 0 & 1 & 0 & -2 & 0 & 4 \\ 0 & 1 & 0 & -3 & 0 & 9 \end{bmatrix}$$

Cette matrice est de rang 3 : l'état est complètement observable.

La matrice de commandabilité de la sortie s'écrit :

$$[C\,B \mid C\,A\,B \mid C\,A^2B] = \begin{bmatrix} 1 & 4 & -1 & -8 & 1 & 18 \\ 0 & 2 & 0 & -5 & 0 & 13 \end{bmatrix}$$

Cette matrice est de rang 2 : la sortie est complètement commandable.

La matrice d'observabilité de l'état s'écrit :

$$[C^T \mid A^TC^T \mid A^{T^2}C^T] = \begin{bmatrix} 1 & 0 & -1 & 0 & 1 & 0 \\ 2 & 1 & -4 & -2 & 8 & 4 \\ 1 & 1 & -3 & -3 & 9 & 9 \end{bmatrix}$$

Cette matrice est de rang 3 : l'état est complètement observable.

b) S'il existe un vecteur $\underline{m}$ tel que $z = \underline{m}^T\underline{x}$, alors :

$$\dot{z} = \underline{m}^T\dot{\underline{x}} = \underline{m}^T\,(A\,\underline{x} + B\,\underline{u}) = \underline{m}^TA\,\underline{x} + \underline{m}^TB\,\underline{u} \qquad (1)$$

Or :

$$\dot{z} = d\,z + \underline{e}^T\underline{y} + \underline{\ell}^T\underline{u} \qquad \text{avec} \qquad \underline{y} = C\,\underline{x}$$

$$\dot{z} = (d\,\underline{m}^T + \underline{e}^TC)\,\underline{x} + \underline{\ell}^T\underline{u} \qquad (2)$$

En identifiant terme à terme les équations (1) et (2), on obtient :

$$\underline{m}^TA = d\,\underline{m}^T + \underline{e}^TC \qquad (3)$$

$$\underline{m}^TB = \underline{\ell}^T \qquad (4)$$

En posant $\underline{m}^T = [m_1\ m_2\ m_3]$, $d = -4$ et $\underline{e}^T = [1 \quad 1]$, l'équation (3) devient :

$$[-m_1 \quad -2m_2 \quad -3m_3] = [-4m_1 \quad -4m_2 \quad -4m_3] + [1 \quad 3 \quad 2]$$

D'où :

$$m_1 = 1/3, \quad m_2 = 3/2 \quad \text{et} \quad m_3 = 2$$

D'après (4), le vecteur $\underline{\ell}$ est égal à :

$$\underline{\ell}^T = [1/3 \quad 23/6]$$

c) Puisque $\begin{bmatrix} z \\ \underline{y} \end{bmatrix} = \begin{bmatrix} \underline{m}^T \\ C \end{bmatrix} \underline{x}$, alors $\underline{x} = \frac{6}{5} \begin{bmatrix} 1 & 1/2 & -5/2 \\ -1 & 1/3 & 5/3 \\ 1 & -1/3 & -5/6 \end{bmatrix} \begin{bmatrix} z \\ \underline{y} \end{bmatrix}$

D'où le schéma analogique du processus :

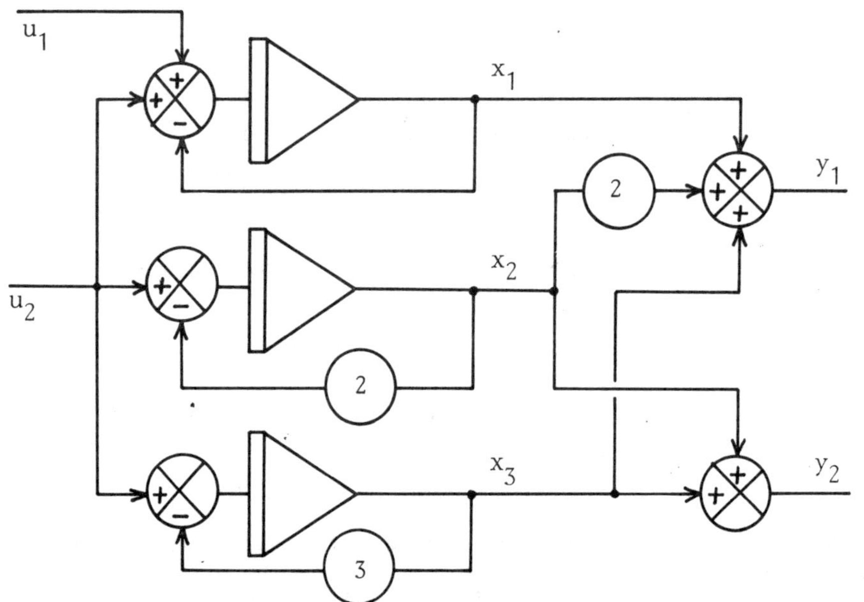

Schéma analogique de l'observateur :

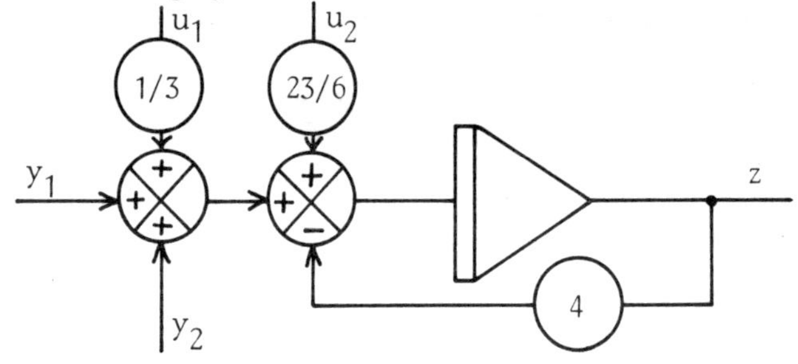

Les états observés du processus répondent alors aux équations :

$$x_1 = z + \frac{3}{5} y_1 - 3 y_2$$

$$x_2 = - z + \frac{2}{5} y_1 - 2 y_2$$

$$x_3 = z - \frac{2}{5} y_1 - y_2$$

<> <> <> <> <>

3.4 RÉPONSE D'UN SYSTEME DÉCRIT SOUS FORME D'ÉQUATION D'ÉTAT

3.4.1 CALCUL DE LA MATRICE DE TRANSITION

a) Soit la matrice d'état de l'exercice 3.2.1 :

$$A = \begin{bmatrix} 0 & 1 \\ -2 & -3 \end{bmatrix}$$

Calculer la matrice de transition e^{At} *de deux façons différentes : par diagonalisation de la matrice A, puis par développement en série de la matrice de transition.*

b) Procéder de même pour la matrice $A = \begin{bmatrix} 3 & 4 \\ 2 & 1 \end{bmatrix}$.

* * * * *

a) Première méthode :

Si la matrice A est diagonalisable, alors il existe P tel que :

$$A = P\,D\,P^{-1} \qquad \text{où } D \text{ est une matrice diagonale}$$

Alors, on peut montrer que :

$$e^{At} = P\,e^{Dt}\,P^{-1}$$

où e^{Dt} est une matrice diagonale dont le $i^{ème}$ élément de la diagonale principale est égal à $e^{\lambda_i t}$, λ_i étant le $i^{ème}$ élément de la diagonale de D.

Dans le cas de la matrice A de la question a), les matrices P et D sont égales à :

$$P = \begin{bmatrix} 1 & 1 \\ -1 & -2 \end{bmatrix}, \quad D = \begin{bmatrix} -1 & 0 \\ 0 & -2 \end{bmatrix} \quad \text{(voir exercice 3.2.1)}$$

Donc :

$$e^{At} = \begin{bmatrix} 1 & 1 \\ -1 & -2 \end{bmatrix} \begin{bmatrix} e^{-t} & 0 \\ 0 & e^{-2t} \end{bmatrix} \begin{bmatrix} 2 & 1 \\ -1 & -1 \end{bmatrix} = \begin{bmatrix} 2e^{-t}-e^{-2t} & e^{-t}-e^{-2t} \\ -2e^{-t}+2e^{-2t} & -e^{-t}+2e^{-2t} \end{bmatrix}$$

Deuxième méthode :

On peut montrer, en utilisant le théorème de Cayley - Hamilton, que e^{At} peut se développer en série selon les puissances de A jusqu'à l'ordre n-1, où n est la dimension de A :

$$e^{At} = \sum_{k=0}^{n-1} \alpha_k A^k$$

Pour déterminer les coefficients α_k, il suffit de savoir que cette équation est également respectée, avec les mêmes coefficients, par les valeurs propres de A, c'est-à-dire que :

$$e^{\lambda_i t} = \sum_{k=0}^{n-1} \alpha_k \lambda_i^k \qquad \text{où } \lambda_i \text{ est valeur propre de A}$$

Dans le cas de l'exemple, ces équations s'écrivent :

$$e^{At} = \alpha_o \mathbb{I} + \alpha_1 A \qquad \text{avec} \qquad \begin{cases} e^{\lambda_1 t} = \alpha_o + \alpha_1 \lambda_1 \\ e^{\lambda_2 t} = \alpha_o + \alpha_1 \lambda_2 \end{cases}$$

Comme $\lambda_1 = -1$ et $\lambda_2 = -2$, on obtient :

$$\alpha_o = 2\,e^{-t} - e^{-2t}, \quad \alpha_1 = e^{-t} - e^{-2t}$$

D'où $e^{A^t} = \begin{bmatrix} \alpha_o & \alpha_1 \\ -2\alpha_1 & \alpha_o - 3\alpha_1 \end{bmatrix}$, c'est-à-dire le même résultat que précédemment.

b) Première méthode

Le polynôme caractéristique de A s'écrit :

$$g(\lambda) = \lambda^2 - 4\,\lambda - 5 \; ; \quad g(\lambda) = 0 \quad \text{pour} \quad \lambda_1 = -1 \text{ et } \lambda_2 = 5$$

Le calcul des vecteurs propres de A conduit à la matrice modale suivante :

$$P = \begin{bmatrix} 1 & 2 \\ -1 & 1 \end{bmatrix} \qquad \text{et} \qquad D = \begin{bmatrix} -1 & 0 \\ 0 & 5 \end{bmatrix}$$

D'où la matrice de transition :

$$e^{At} = P\,e^{Dt}\,P^{-1} = \frac{1}{3}\begin{bmatrix} 2e^{5t}+e^{-t} & 2e^{5t}-2e^{-t} \\ e^{5t}-e^{-t} & e^{5t}+2e^{-t} \end{bmatrix}$$

Deuxième méthode :

Le développement en série de e^{At} conduit aux équations suivantes :

$$e^{At} = \alpha_o I + \alpha_1 A \quad \text{avec} \quad \begin{cases} e^{-t} = \alpha_o - \alpha_1 \\ e^{5t} = \alpha_o + 5\alpha_1 \end{cases}$$

D'où :

$$\alpha_o = \frac{1}{6}\,(e^{5t} + 5e^{-t}) \quad \text{et} \quad \alpha_1 = \frac{1}{6}\,(e^{5t} - e^{-t})$$

et $\quad e^{At} = \begin{bmatrix} \alpha_o+3\alpha_1 & 4\alpha_1 \\ 2\alpha_1 & \alpha_o+\alpha_1 \end{bmatrix}$ produit le même résultat que précédemment.

<> <> <> <> <>

3.4.2 *REPONSE INDICIELLE SANS CONDITIONS INITIALES*

Soit le processus monovariable décrit par le diagramme fonctionnel suivant :

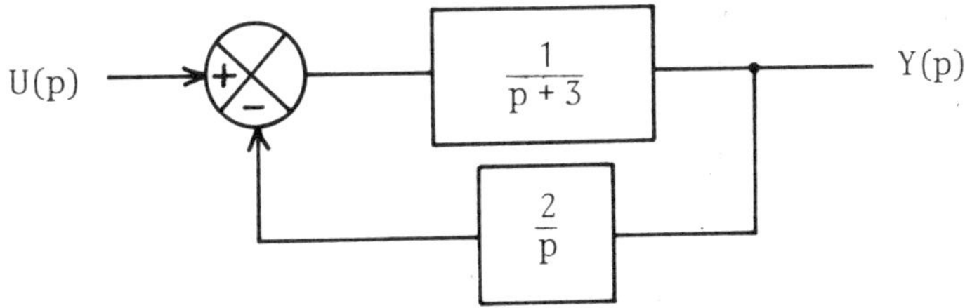

a) Après avoir choisi les états du système, déterminer les équations d'état et de mesure.

b) Calculer la matrice de transition du système.

c) En supposant toutes les conditions initiales nulles, calculer la réponse $y(t)$ à une excitation en échelon de l'entrée : $u(t) = 1$ pour $t > 0$.

* * * * *

a) Pour choisir les états du système, on peut exprimer l'équation reliant l'entrée u à la sortie y :

$$Y(p+3) = U - \frac{2}{p}\,Y$$

D'où : $$Y = p^{-1}(U - 3\,Y - \underbrace{p^{-1}2\,Y}_{X_2}) = X_1$$

Donc : $$\begin{cases} Y = X_1 \\ X_1 = p^{-1}(U - 3\,Y - X_2) \\ X_2 = p^{-1}2\,Y \end{cases} \Longrightarrow \begin{cases} y = x_1 \\ \dot{x}_1 = u - 3\,x_1 - x_2 \\ \dot{x}_2 = 2\,x_1 \end{cases}$$

On constate que les états ainsi choisis sont les sorties des deux transmittances du diagramme fonctionnel.

Les équations d'état et de mesure sont alors :

$$\begin{cases} \dot{\underline{x}} = A\,\underline{x} + \underline{b}\,u \\ y = \underline{c}^T\underline{x} \end{cases} \quad \text{avec} \quad A = \begin{bmatrix} -3 & -1 \\ 2 & 0 \end{bmatrix}, \quad \underline{b} = \begin{bmatrix} 1 \\ 0 \end{bmatrix}, \quad \underline{c} = \begin{bmatrix} 1 \\ 0 \end{bmatrix}$$

b) Le polynôme caractéristique de A s'écrit :

$$g(\lambda) = \lambda^2 + 3\,\lambda + 2$$

Il s'annule pour $\lambda_1 = -1$ et $\lambda_2 = -2$.

Le développement en série de e^{At} s'écrit :

$$e^{At} = \alpha_o\mathbb{I} + \alpha_1 A \quad \text{avec} \quad \begin{cases} e^{-t} = \alpha_o - \alpha_1 \\ e^{-2t} = \alpha_o - 2\alpha_1 \end{cases}$$

D'où : $$\alpha_o = 2\,e^{-t} - e^{-2t} \quad \text{et} \quad \alpha_1 = e^{-t} - e^{-2t}$$

La matrice de transition est donc égale à :

$$e^{At} = \begin{bmatrix} -e^{-t}+2e^{-2t} & -e^{-t}+e^{-2t} \\ 2e^{-t}-2e^{-2t} & 2e^{-t}-e^{-2t} \end{bmatrix}$$

c) La réponse $\underline{x}(t)$ à une excitation $u(t)$ s'écrit :

$$\underline{x}(t) = e^{At}\,\underline{x}_o + \int_0^t e^{A(t-\tau)}\,\underline{b}\,u(\tau)\,d\tau$$

Puisque $\underline{x}_o = \underline{0}$ et que $u(\tau) = 1$ pour $\tau > 0$, alors :

$$\underline{x}(t) = \int_0^t \begin{bmatrix} -e^{-(t-\tau)} + 2e^{-2(t-\tau)} \\ 2e^{-(t-\tau)} - 2e^{-2(t-\tau)} \end{bmatrix} d\tau$$

L'intégration conduit alors au résultat suivant :

$$y = x_1(t) = e^{-t} - e^{-2t}$$

et

$$x_2(t) = 1 - 2\,e^{-t} + e^{-2t}$$

<> <> <> <> <>

3.4.3 *REPONSE INDICIELLE AVEC CONDITIONS INITIALES*

Soit le processus monovariable décrit par les équations suivantes :

$$\dot{\underline{x}} = \underbrace{\begin{bmatrix} -1 & 1 \\ 0 & -2 \end{bmatrix}}_{A} \underline{x} + \underbrace{\begin{bmatrix} 0 \\ 1 \end{bmatrix}}_{\underline{b}} u \qquad et \qquad y = \underbrace{[1 \quad 1]}_{\underline{c}^T} \underline{x}$$

a) Calculer la matrice de transition du système en exprimant qu'elle est égale à la transformée inverse de Laplace de $(p\mathbb{I} - A)^{-1}$.

b) Calculer la réponse $y(t)$ *du processus pour* $u(t) = 1 \quad (t > 0)$, *et ce pour les conditions initiales suivantes :*

$$\underline{x}_o^T = [1 \quad 0], \qquad \underline{x}_o^T = [-1 \quad 0]$$

* * * * *

a) De façon générale, dans un système décrit par l'équation :

$$\dot{\underline{z}} = A\,\underline{z}\,, \qquad \text{la solution} \qquad \underline{z}(t) = e^{At}\,\underline{z}_o$$

Or :

$$\dot{\underline{z}} = A\,\underline{z} \Rightarrow Z(p)(p\mathbb{I} - A) = \underline{z}_o \qquad z(t) = \mathcal{L}^{-1}(p\mathbb{I} - A)^{-1}.\underline{z}_o$$

Donc :

$$e^{At} = \mathcal{L}^{-1}(p\mathbb{I} - A)^{-1}$$

Application aux données de l'exercice :

$$p\mathbb{I} - A = \begin{bmatrix} p+1 & -1 \\ 0 & p+2 \end{bmatrix} \qquad (p\mathbb{I} - A)^{-1} = \frac{1}{(p+1)(p+2)} \begin{bmatrix} p+2 & 1 \\ 0 & p+1 \end{bmatrix}$$

$$(p\mathbb{I} - A)^{-1} = \begin{bmatrix} \frac{1}{p+1} & \frac{1}{p+1} - \frac{1}{p+2} \\ 0 & \frac{1}{p+2} \end{bmatrix}$$

· Donc :

$$e^{At} = \begin{bmatrix} e^{-t} & e^{-t}-e^{-2t} \\ 0 & e^{-2t} \end{bmatrix}.$$

b) La réponse $\underline{x}(t)$ à $u(t) = 1$ s'écrit :

$$\underline{x}(t) = e^{At}\,\underline{x}_o + \int_0^t \begin{bmatrix} e^{-(t-\tau)} - e^{-2(t-\tau)} \\ e^{-2(t-\tau)} \end{bmatrix} d\tau$$

$$\underline{x}(t) = e^{At}\,\underline{x}_o + \begin{bmatrix} \frac{1}{2} - e^{-t} + \frac{e^{-2t}}{2} \\ \frac{1}{2} - \frac{e^{-2t}}{2} \end{bmatrix}$$

Avec $\underline{x}_o = \begin{bmatrix} 1 \\ 0 \end{bmatrix}$, $\underline{x}(t) = \frac{1}{2}\begin{bmatrix} 1 + e^{-2t} \\ 1 - e^{-2t} \end{bmatrix}$ et $y(t) = 1$

Avec $\underline{x}_o = \begin{bmatrix} -1 \\ 0 \end{bmatrix}$, $\underline{x}(t) = \frac{1}{2}\begin{bmatrix} 1 - 4e^{-t} + e^{-2t} \\ 1 - e^{-2t} \end{bmatrix}$ et $y(t) = 1 - 2e^{-t}$

On remarque qu'avec les premières conditions initiales, le mode propre e^{-t} n'affecte pas les états et que la sortie $y(t)$ n'est excitée par aucun des deux modes propres. Dans tous les autres cas de conditions initiales, x_1 sera affecté par les deux modes propres, mais x_2 et y ne seront excités que par un seul.

<> <> <> <> <>

3.4.4 *VALEURS PROPRES COMPLEXES*

Soit le processus monovariable suivant :

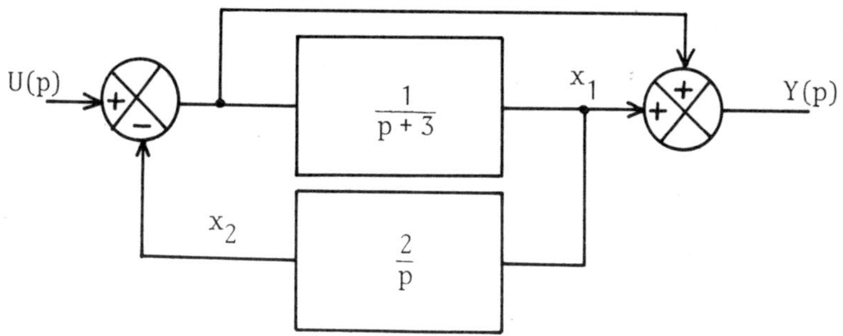

a) En choisissant comme variables d'état celles (x_1 et x_2) indiquées sur la figure, déterminer les équations d'état et de mesure du système.

b) Calculer la matrice de transition du système.

c) Calculer $\underline{x}(t)$ et $y(t)$ lorsque $u(t) = 1$ (pour $t > 0$), toutes les conditions initiales étant nulles.

* * * * *

a)
$$\left.\begin{array}{l} \dfrac{X_1}{U-X_2} = \dfrac{1}{p+1} \\ \dfrac{X_2}{X_1} = \dfrac{1}{p+2} \\ Y = U - X_2 + X_1 \end{array}\right\} \Longrightarrow \left\{\begin{array}{l} \dot{x}_1 = u - x_1 - x_2 \\ \dot{x}_2 = x_1 - 2\,x_2 \\ y = u + x_1 - x_2 \end{array}\right.$$

D'où :

$$\left\{\begin{array}{l} \underline{\dot{x}} = A\,\underline{x} + \underline{b}\,u \\ y = \underline{c}^T\underline{x} + u \end{array}\right. \quad \text{avec} \quad A = \begin{bmatrix} -1 & -1 \\ 1 & -2 \end{bmatrix}, \quad \underline{b} = \begin{bmatrix} 1 \\ 0 \end{bmatrix}, \quad \underline{c} = \begin{bmatrix} 1 \\ -1 \end{bmatrix}$$

b) Le polynôme caractéristique de la matrice A est égal à :

$$g(\lambda) = \lambda^2 + 3\,\lambda + 3$$

Il s'annule pour $\lambda_1 = -\frac{3}{2} + j\,\frac{\sqrt{3}}{2}$ et $\lambda_2 = -\frac{3}{2} - j\,\frac{\sqrt{3}}{2}$

Le développement en série de la matrice de transition s'écrit :

$$e^{At} = \alpha_o \mathbb{I} + \alpha_1 A \quad \text{avec} \quad \left\{\begin{array}{l} e^{\lambda_1 t} = \alpha_o + \alpha_1\,\lambda_1 \\ e^{\lambda_2 t} = \alpha_o + \alpha_1\,\lambda_2 \end{array}\right.$$

D'où :

$$\left\{\begin{array}{l} \alpha_1 = \dfrac{e^{\lambda_1 t} - e^{\lambda_2 t}}{\lambda_1 - \lambda_2} \\ \\ \alpha_o = \dfrac{\lambda_1 e^{\lambda_2 t} - \lambda_2 e^{\lambda_1 t}}{\lambda_1 - \lambda_2} \end{array}\right. \quad \text{et} \quad e^{At} = \begin{bmatrix} \alpha_o - \alpha_1 & -\alpha_1 \\ \alpha_1 & \alpha_o - 2\alpha_1 \end{bmatrix}$$

c) Avec $\underline{x}_o = 0$ et $\underline{b} = \begin{bmatrix} 1 \\ 0 \end{bmatrix}$, la réponse indicielle de $\underline{x}(t)$ s'écrit :

$$\underline{x}(t) = \int_0^t \begin{bmatrix} \alpha_o(t-\tau) - \alpha_1(t-\tau) \\ \alpha_1(t-\tau) \end{bmatrix} d\tau$$

D'où :

$$x_1(t) = \int_0^t \left[\frac{\lambda_1+1}{\lambda_1-\lambda_2} e^{\lambda_2(t-\tau)} - \frac{\lambda_2+1}{\lambda_1-\lambda_2} e^{\lambda_1(t-\tau)}\right] d\tau$$

$$x_1(t) = -\frac{\lambda_1+\lambda_2+1}{\lambda_1\lambda_2} + \frac{(\lambda_1+1)\lambda_1 e^{\lambda_2 t} - (\lambda_2+1)\lambda_2 e^{\lambda_1 t}}{(\lambda_1-\lambda_2)\ \lambda_1\lambda_2}$$

$$x_1(t) = \frac{2}{3} - \frac{e^{\lambda_1 t} + e^{\lambda_2 t}}{3} = \frac{2}{3} - \frac{e^{-3t/2}}{3} [e^{j\sqrt{3}/2} + e^{-j\sqrt{3}/2}]$$

$$x_1(t) = \frac{2}{3} [1 - e^{-3t/2} \cos \frac{\sqrt{3}}{2} t]$$

De même :

$$x_2(t) = \int_0^t \left[\frac{e^{\lambda_2(t-\tau)} - e^{\lambda_1(t-\tau)}}{\lambda_1 - \lambda_2}\right] d\tau$$

$$x_2(t) = \frac{\lambda_2 - \lambda_1 + \lambda_1 e^{\lambda_2 t} - \lambda_2 e^{\lambda_1 t}}{(\lambda_1-\lambda_2)\ \lambda_1\lambda_2}$$

$$x_2(t) = -\frac{1}{3} + \frac{1}{6} (e^{\lambda_2 t} + e^{\lambda_1 t}) - \frac{j}{2\sqrt{3}} (e^{\lambda_1 t} - e^{\lambda_2 t})$$

$$x_2(t) = \frac{1}{3} [1 - e^{-3t/2} (\sqrt{3} \sin \frac{\sqrt{3}}{2} t + \cos \frac{\sqrt{3}}{2} t)]$$

Enfin, la sortie est égale à :

$$y = u + x_1 - x_2$$

$$y(t) = 1 + \frac{e^{-3t/2}}{3} (\sqrt{3} \sin \frac{\sqrt{3}}{2} t - \cos \frac{\sqrt{3}}{2} t)$$

<> <> <> <> <>

3.4.5 CALCUL DIRECT PAR LES MODES PROPRES

Soit le système électrique présenté ci-dessous :

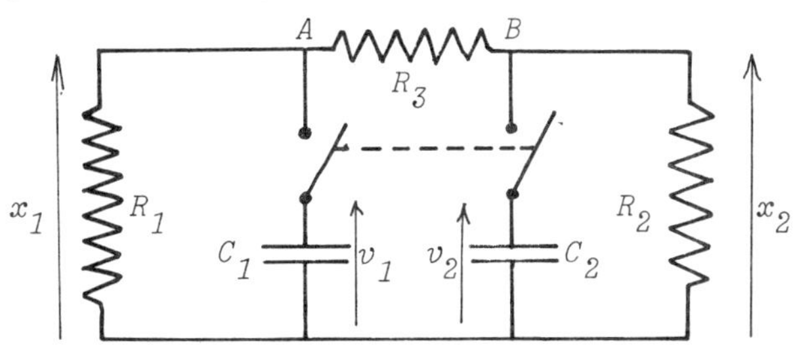

avec $R_1 = R_2 = R_3 = 1\ M\Omega$, $C_1 = C_2 = 1\ \mu F$

a) A l'instant $t = 0$*, les deux interrupteurs sont simultanément fermés. En supposant les condensateurs initialement chargés, exprimer les équations d'évolution des tensions* x_1 *et* x_2 *relevées aux bornes des résistances* R_1 *et* R_2*. En déduire l'équation d'état du système en choisissant* x_1 *et* x_2 *pour états.*

b) Résoudre directement l'équation obtenue par la méthode des modes propres. On supposera qu'avant le basculement des interrupteurs, les tensions v_1 *et* v_2 *relevées aux bornes des condensateurs* C_1 *et* C_2 *sont respectivement égales à 1 et 2 Volts. En déduire les expressions de* $x_1(t)$ *et de* $x_2(t)$*.*

* * * * *

a) En écrivant que la somme algébrique des courants qui arrivent ou partent du point de jonction A est nulle, on obtient :

$$\frac{x_1}{R_1} + C_1\,\dot{x}_1 + \frac{x_1 - x_2}{R_3} = 0$$

De même, au point de jonction B :

$$\frac{x_2}{R_2} + C_2\,\dot{x}_2 + \frac{x_2 - x_1}{R_3} = 0$$

D'où :

$$\dot{x}_1 = -\frac{1}{C_1}\left(\frac{1}{R_1} + \frac{1}{R_3}\right) x_1 + \frac{1}{R_3C_1}\, x_2$$

$$\dot{x}_2 = -\frac{1}{C_2}\left(\frac{1}{R_2} + \frac{1}{R_3}\right) x_2 + \frac{1}{R_3C_2}\, x_1$$

Après application numérique, l'équation d'état du système s'écrit :

$$\dot{\underline{x}} = A\,\underline{x} \qquad \text{avec} \qquad A = \begin{bmatrix} -2 & 1 \\ 1 & -2 \end{bmatrix}$$

b) Pour résoudre l'équation $\dot{\underline{x}} = A\,\underline{x}$, on peut calculer la matrice de transition comme dans les exercices précédents. Une autre technique consiste à supposer que l'expression :

$$\underline{x}_i = \beta_i\, e^{\lambda_i t}\, \underline{v}_i, \quad \text{où } \lambda_i \text{ est valeur propre de A}$$

est solution particulière de cette équation. En effet, si on remplace $\underline{x}$ par $\underline{x}_i$ dans $\dot{\underline{x}} = A\,\underline{x}$, on obtient :

$$\lambda_i\, \beta_i\, e^{\lambda_i t}\, \underline{v}_i = A\, \beta_i\, e^{\lambda_i t}\, \underline{v}_i$$

$$\beta_i\, e^{\lambda_i t}\, [A - \lambda_i\, \mathbb{I}]\, \underline{v}_i = 0 \qquad (1)$$

Si β_i est différent de 0, alors (1) $\Rightarrow$ $[A - \lambda_i\, \mathbb{I}]\, \underline{v}_i = 0$, donc $\underline{v}_i$ est vecteur propre de A.

La solution générale de $\dot{\underline{x}} = A\,\underline{x}$ s'écrit donc :

$$\underline{x} = \sum_{i=1}^{n} \beta_i\, e^{\lambda_i t}\, \underline{v}_i$$

où λ_i et $\underline{v}_i$ sont respectivement valeur propre et vecteur propre associé de A, n est la dimension de A, et les coefficients β_i dépendent des conditions initiales par :

$$\underline{x}_o = \sum_{i=1}^{n} \beta_i\, \underline{v}_i$$

Pour obtenir l'expression de ces coefficients β_i, on introduit la base réciproque $\underline{r}_j$ de $\underline{v}_i$:

$$\underline{r}_j^T\, \underline{v}_i = 1 \quad \text{si} \quad i = j$$

$$= 0 \quad \text{sinon}$$

Alors $$\underline{r}_j^T\, \underline{x}_o = \sum_{i=1}^{n} \beta_i\, \underline{r}_j^T\, \underline{v}_i = \beta_j$$

Donc, la solution de $\dot{\underline{x}} = A\,\underline{x}$ s'écrit :

$$\underline{x} = \underbrace{\left(\sum_{i=1}^{n} e^{\lambda_i t} \, \underline{v}_i \, \underline{r}_i^T\right)}_{e^{At}} \underline{x}_o$$

Il est ensuite aisé d'étendre cette solution à celle de l'équation $\dot{\underline{x}} = A \, \underline{x} + B \, \underline{u}$, ce qui conduit au résultat suivant :

$$\underline{x} = \left(\sum_{i=1}^{n} e^{\lambda_i t} \, \underline{v}_i \, \underline{r}_i^T\right) \underline{x}_o + \sum_{i=1}^{n} \int_0^t e^{\lambda_i (t-\tau)} \, \underline{v}_i \, \underline{r}_i^T \, B \, u(\tau) \, d\tau$$

Si on applique cette technique à la résolution de l'exercice, alors le polynôme caractéristique de A s'écrit :

$$g(\lambda) = \lambda^2 + 4 \lambda + 3 = 0 \quad \Longrightarrow \quad \lambda_1 = -1, \quad \lambda_2 = -3$$

Le calcul des vecteurs propres associés à ces deux valeurs propres conduit au résultat :

$$\underline{v}_1 = \begin{bmatrix} 1 \\ 1 \end{bmatrix} \qquad \text{et} \qquad \underline{v}_2 = \begin{bmatrix} 1 \\ -1 \end{bmatrix}$$

La base réciproque comporte deux vecteurs $\underline{r}_1$ et $\underline{r}_2$ qui répondent à :

$$\begin{cases} \underline{r}_1^T \, \underline{v}_1 = 1 \\ \underline{r}_1^T \, \underline{v}_2 = 0 \end{cases} \qquad \text{et} \qquad \begin{cases} \underline{r}_2^T \, \underline{v}_1 = 0 \\ \underline{r}_2^T \, \underline{v}_2 = 1 \end{cases}$$

Après application numérique, on obtient :

$$\underline{r}_1 = \begin{bmatrix} 1/2 \\ 1/2 \end{bmatrix} \qquad \underline{r}_2 = \begin{bmatrix} 1/2 \\ -1/2 \end{bmatrix}$$

On en déduit ensuite la valeur des coefficients β_i, connaissant $\underline{x}_o$. Or, immédiatement après le basculement des interrupteurs, les valeurs des tensions x_1 et x_2 sont respectivement égales à 1 et 2 volts. Donc $\underline{x}_o^T = [1 \quad 2]$, d'où :

$$\beta_1 = \underline{r}_1^T \, \underline{x}_o = \frac{3}{2} \qquad \text{et} \qquad \beta_2 = \underline{r}_2^T \, \underline{x}_o = -\frac{1}{2}$$

L'expression de $\underline{x}(t)$ s'écrit donc :

$$\underline{x} = \frac{3}{2} e^{-t} \begin{bmatrix} 1 \\ 1 \end{bmatrix} - \frac{1}{2} e^{-3t} \begin{bmatrix} 1 \\ -1 \end{bmatrix}$$

Remarque : on peut alors retrouver la valeur de la matrice de transition :

$$e^{At} = \sum_{i=1}^{2} e^{\lambda_i t} \underline{v}_i \underline{r}_i^T = \frac{1}{2} \begin{bmatrix} e^{-t} + e^{-3t} & e^{-t} - e^{-3t} \\ e^{-t} - e^{-3t} & e^{-t} + e^{-3t} \end{bmatrix}$$

<> <> <> <> <>

3.5 MÉTHODE DE LYAPUNOV

3.5.1 STABILITE

Soit un système d'état $\underline{x}$ dont l'équation d'évolution s'écrit :

$$\dot{\underline{x}} = A\,\underline{x} \qquad \text{avec} \qquad A = \begin{bmatrix} -4 & 4 \\ 2 & -6 \end{bmatrix}$$

Déterminer la matrice L qui vérifie l'équation de Lyapunov :

$$L\,A + A^T L = -\,\mathbb{I}$$

En déduire la stabilité du système.

* * * * *

* Pour calculer la matrice L, on peut poser :

$$L = \begin{bmatrix} \ell_1 & \ell_2 \\ \ell_2 & \ell_3 \end{bmatrix} \qquad \text{(L est symétrique, puisque } \mathbb{I} \text{ l'est)}$$

En remplaçant cette expression de L et la valeur de A dans $L\,A + A^T L = -\,\mathbb{I}$, on obtient les trois équations linéaires suivantes :

$$\begin{cases} -8\ell_1 + 4\ell_2 = -1 \\ 4\ell_1 - 10\ell_2 + 2\ell_3 = 0 \\ 8\ell_2 - 12\ell_3 = -1 \end{cases} \quad \text{d'où} \quad \begin{cases} \ell_1 = 7/40 \\ \ell_2 = 1/10 \\ \ell_3 = 6/40 \end{cases}$$

* Le calcul de la matrice L peut également être mené d'une seconde façon. En effet :

$$\begin{cases} L = \displaystyle\int_0^{\infty} \Phi^T Q\, \Phi\, dt \quad \text{est solution de} \quad L\,A + A^T L = -\,Q \\ \Phi = e^{At} \end{cases}$$

Le calcul de Φ conduit au résultat suivant :

$$\Phi(t) = \frac{1}{3}\begin{bmatrix} 2\alpha + \beta & 2\alpha - 2\beta \\ \alpha - \beta & \alpha + 2\beta \end{bmatrix} \quad \text{avec} \quad \begin{cases} \alpha = e^{-2t} \\ \beta = e^{-8t} \end{cases}$$

et
$$L = \int_0^\infty \begin{bmatrix} 5\alpha^2 + 2\alpha\beta + 2\beta^2 & 5\alpha^2 - \alpha\beta - 4\beta^2 \\ 5\alpha^2 - \alpha\beta - 4\beta^2 & 5\alpha^2 - 4\alpha\beta + 8\beta^2 \end{bmatrix} dt = \frac{1}{40}\begin{bmatrix} 7 & 4 \\ 4 & 6 \end{bmatrix}$$

* La matrice L ainsi obtenue est définie positive, le système est donc asymptotiquement stable. Ce résultat peut d'ailleurs être confirmé par le calcul des valeurs propres de A ; comme ces valeurs (-2 et -8) sont négatives, le système est stable.

<> <> <> <> <>

3.5.2 STABILITE D'UN SYSTEME BOUCLE

Soit un processus monovariable bouclé, de consigne c et de sortie y décrit par le diagramme fonctionnel suivant :

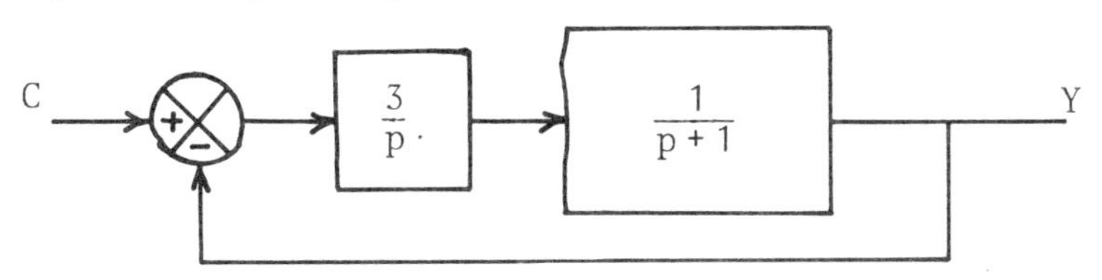

Après mise sous forme d'état, utiliser la méthode de Lyapunov pour étudier la stabilité de ce système lorsque, partant d'un état non nul à l'instant initial, il rejoint la consigne c = 0.

* * * * *

En choisissant pour états la sortie des deux blocs du diagramme fonctionnel :

$$\begin{cases} \dot{x}_1 = - x_1 + x_2 \\ \dot{x}_2 = - 3x_1 + 3c \\ y = x_1 \end{cases} \qquad \underline{\dot{x}} = \underbrace{\begin{bmatrix} -1 & 1 \\ -3 & 0 \end{bmatrix}}_{A} \underline{x} + \begin{bmatrix} 3 \\ 0 \end{bmatrix} c \qquad y = [1 \quad 0]\underline{x}$$

Avec c = 0, l'équation du système bouclé se réduit à $\dot{\underline{x}} = A\,\underline{x}$.

Le calcul du polynôme caractéristique de A :

$$g(\lambda) = \lambda^2 + \lambda + 3$$

conduit aux valeurs propres :

$$\lambda_1 = -\frac{1}{2} + j\,\frac{\sqrt{11}}{2} \qquad\qquad \lambda_2 = -\frac{1}{2} - j\,\frac{\sqrt{11}}{2}$$

Comme ces valeurs propres sont à parties réelles négatives, le système est asymptotiquement stable.

Vérification par la méthode de Lyapunov :

$$L\,A + A^T L = -\,\mathbb{I}$$

Puisque $\mathbb{I}$ est symétrique, on peut poser $L = \begin{bmatrix} \ell_1 & \ell_2 \\ \ell_2 & \ell_3 \end{bmatrix}$

D'où les équations linéaires :

$$\begin{cases} -\,2\ell_1 - 6\ell_2 = -\,1 \\ \ell_1 - \ell_2 - 3\ell_4 = 0 \\ 2\ell_2 = -\,1 \end{cases} \Longrightarrow \quad L = \begin{bmatrix} 2 & -1/2 \\ -1/2 & 5/6 \end{bmatrix}$$

Comme L est définie positive, le système est asymptotiquement stable.

<> <> <> <> <>

3.5.3 CALCUL D'UNE LOI DE COMMANDE

Soit un processus à une entrée u et deux sorties $\underline{y}$ décrit par :

$$\begin{aligned} \dot{\underline{x}} &= A\,\underline{x} + \underline{b}\,u \\ \underline{y} &= \mathbb{I}\,\underline{x} \end{aligned} \qquad \text{avec} \quad A = \begin{bmatrix} 0 & 1 \\ 0 & 0 \end{bmatrix} \quad \text{et} \quad \underline{b} = \begin{bmatrix} 0 \\ 1 \end{bmatrix}$$

On boucle ce processus par la loi de commande $u = -\,M\,\underline{y}$ avec $M = [1 \quad m]$, où m est un paramètre à déterminer.

Sachant que $\underline{y}_0^T = [\,1 \quad 1\,]$, calculer la valeur de m qui minimise :

$$J = \frac{1}{2}\int_0^{\infty} (\underline{y}^T\underline{y} + u^2)\;dt$$

* * * * *

L'équation du système bouclé s'écrit :

$$\dot{\underline{x}} = A\,\underline{x} - B\,M\,\underline{y} = (A - B\,M)\,\underline{x} = F\,\underline{x} \quad \text{avec} \quad F = \begin{bmatrix} 0 & 1 \\ -1 & -m \end{bmatrix}$$

Le critère à minimiser s'exprime en fonction de l'état :

$$J = \frac{1}{2}\int_0^\infty \underline{x}^T\,(\mathbb{I} + M^TM)\,\underline{x}\,dt = \frac{1}{2}\int_0^\infty \underline{x}^TQ\,\underline{x}\,dt \quad \text{avec} \quad Q = \begin{bmatrix} 2 & m \\ m & m^2+1 \end{bmatrix}$$

Il s'agit donc de minimiser $\int_0^\infty \underline{x}^TQ\,\underline{x}\,dt$ sachant que $\dot{\underline{x}} = F\,\underline{x}$ et $\underline{x}_o = \begin{bmatrix} 1 \\ 1 \end{bmatrix}$.

Si on pose $-\underline{x}^TQ\,\underline{x} = \frac{dV(x)}{dt}$, alors il existe L tel que $V(x) = \underline{x}^TL\,\underline{x}$.

En effet, si on dérive $\underline{x}^TL\,\underline{x}$ par rapport au temps,

$$\frac{d}{dt}\,(x^TL\,x) = \underline{x}^T\,(F^TL + L\,F)\,\underline{x} = -\,\underline{x}^TQ\,\underline{x}$$

Donc la matrice L répond à $\quad F^TL + L\,F = -\,Q \qquad (1)$

Si on pose $L = \begin{bmatrix} \ell_1 & \ell_2 \\ \ell_3 & \ell_4 \end{bmatrix}$, alors l'équation (1) se décompose en :

$$\begin{cases} -\ell_3 - \ell_2 = -2 \\ -\ell_4 + \ell_1 - m\ell_2 = -m \\ \ell_1 - m\ell_3 - \ell_4 = -m \\ \ell_2 - 2m\ell_4 + \ell_3 = -m^2-1 \end{cases} \Longrightarrow \begin{cases} \ell_1 = (m^2+3)/2m \\ \ell_2 = 1 \\ \ell_3 = 1 \\ \ell_4 = (m^2+3)/2m \end{cases}$$

D'où :

$$L = \begin{bmatrix} \dfrac{3+m^2}{2m} & 1 \\ 1 & \dfrac{3+m^2}{2m} \end{bmatrix}$$

Donc :

$$J = \frac{1}{2}\int_0^\infty \underline{x}^TQ\,\underline{x}\,dt = -\frac{1}{2}\int_0^\infty \frac{dV(x)}{dt}\,dt = -\frac{1}{2}\,[V(x)]_0^\infty$$

$$J = -\frac{1}{2}\,[\underline{x}^TL\,\underline{x}]_0^\infty = \frac{1}{2}\,\underline{x}_o^T\,L\,\underline{x}_o \quad \text{si le système est stable}$$

$$J = \frac{m^2 + 2m + 3}{2m}$$

J est minimum pour $\frac{dJ}{dm} = 0$, c'est-à-dire pour $2m^2 - 6 = 0$, soit $m = \pm\sqrt{3}$.

La solution $m = +\sqrt{3}$ est la seule qui assure L définie positive, donc que le système est stable.

<> <> <> <> <>

3.5.4 ASSERVISSEMENT D'UN MOTEUR

Entre la position d'un moteur à courant continu (θ) et sa commande en tension (v), on a relevé la fonction de transfert :

$$\frac{\Theta(p)}{V(p)} = \frac{1}{p(p+3)}$$

On asservit ce moteur en position par un bouclage proportionnel sur θ, ainsi que par une contre-réaction tachymétrique, selon le schéma :

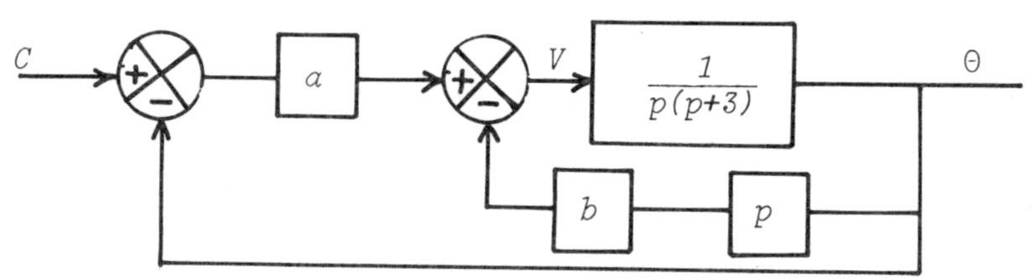

On cherche à déterminer les valeurs des gains a et b qui, lors d'un échelon de consigne c, minimisent rapidement l'écart $\theta - c$ tout en évitant de trop grandes variations de la commande v. On formule mathématiquement ce critère à minimiser sous la forme :

$$J = \int_0^{\infty} \left(9(\theta - c)^2 + v^2\right) dt$$

a) En supposant la consigne constante, établir l'équation d'état et l'équation de mesure du système avec ses deux boucles de contre-réaction. Exprimer le critère J en fonction de l'état.

b) Calculer la valeur du critère J en fonction de a et b en supposant qu'à $t = 0$, l'écart $\theta - c$ est nul et que $\dot{\theta} = \alpha$ = constante.

c) Déterminer les valeurs de a et b qui minimisent le critère J. En déduire l'équation d'état du système asymptotiquement stable.

d) Déterminer alors les équations de $v(t)$ et $\theta(t)$ lorsqu'à $t = 0$, l'écart $\theta - c = 0$ et que $\dot{\theta} = \alpha$.

* * * * *

a) L'équation différentielle du moteur en boucle ouverte s'écrit :

$$\ddot{\theta} + 3\dot{\theta} = v \qquad (1)$$

D'autre part, en boucle fermée :

$$v = - b\dot{\theta} + a\,(c - \theta) \qquad (2)$$

Au lieu de choisir comme premier état $x_1 = \theta$, et afin d'exprimer facilement J en fonction de $\underline{x}$, on pose :

$$x_1 = \theta - c$$

Comme c = constante, alors :

$$\dot{x}_1 = \dot{\theta} \qquad \text{et on pose} \qquad x_2 = \dot{x}_1, \qquad \text{d'où}$$

$$\left.\begin{array}{ll} (1) \Rightarrow & \dot{x}_2 = v - 3x_2 \\ (2) \Rightarrow & v = - bx_2 - ax_1 \end{array}\right\} \quad \dot{x}_2 = - (b+3)\, x_2 - a\, x_1$$

L'équation d'état et l'équation de mesure du système s'écrivent donc :

$$\left\{\begin{array}{l} \dot{\underline{x}} = A\,\underline{x} \\ y = \underline{c}^T\underline{x} \end{array}\right. \quad \text{avec} \quad A = \begin{bmatrix} 0 & 1 \\ -a & -b-3 \end{bmatrix} \quad \text{et} \quad \underline{c}^T = [1 \quad 0]$$

Le critère s'écrit alors :

$$J = \int_0^\infty (9x_1^2 + v^2)\,dt = \int_0^\infty \left(9\underline{x}^T \begin{bmatrix} 1 & 0 \\ 0 & 0 \end{bmatrix} \underline{x} + \underline{x}^T \begin{bmatrix} -a \\ -b \end{bmatrix} [-a\,-b]\,\underline{x}\right) dt$$

Donc :

$$J = \int_0^\infty \underline{x}^T \underbrace{\begin{bmatrix} a^2+9 & ab \\ ab & b^2 \end{bmatrix}}_{Q} \underline{x}\,dt$$

b) Si on pose :

$$\frac{dV(x)}{dt} = - \underline{x}^T Q\,\underline{x}, \quad \text{alors } V(x) = \underline{x}^T L\,\underline{x} \quad \text{avec} \quad L\,A + A^T L = - Q$$

Comme Q est symétrique, L l'est aussi. On pose donc :

$$L = \begin{bmatrix} \ell_1 & \ell_2 \\ \ell_2 & \ell_3 \end{bmatrix} \quad \text{d'où} \quad \begin{cases} -2a\ell_2 = -a^2 - 9 \\ \ell_1 - \ell_2\,(b+3) - a\ell_3 = -ab \\ 2\ell_2 - 2\ell_3\,(b+3) = -b^2 \end{cases}$$

Donc :

$$\ell_1 = -ab + \frac{a^2+9}{2a}\,(b+3) + \frac{1}{2(b+3)}\,(ab^2 + a^2 + 9)$$

$$\ell_2 = \frac{a}{2} + \frac{9}{2a} \qquad \text{et} \qquad \ell_3 = \frac{1}{2(b+3)}\,(b^2 + a + \frac{9}{a})$$

Le critère devient :

$$J = \int_0^\infty \underline{x}^T Q\,\underline{x}\,dt = -\,[\underline{x}^T L\,\underline{x}]_0^\infty = \underline{x}_o^T\,L\,\underline{x}_o \quad \text{si le système est stable.}$$

A l'instant $t = 0$, $x_1 = 0$ et $x_2 = \alpha$ donc $\underline{x}_o^T = [0 \quad \alpha]$.

D'où :

$$J = \alpha^2.\ell_3$$

c) Si le critère J admet un minimum en $a = a_o$ et $b = b_o$, alors en ces points dJ/da et dJ/b sont tous deux nuls.

Après calculs :

$$\frac{dJ}{da} = \frac{\alpha^2}{2(3+b)}\,(1 - \frac{9}{a^2}) \qquad \text{et} \qquad \frac{dJ}{db} = \frac{\alpha^2}{2(3+b)^2}\,(b^2 + 6\,b - a - \frac{9}{a})$$

D'où les solutions suivantes :

$$a_o = +3 \quad \text{et} \quad (b_o = -3 + \sqrt{15} \quad \text{ou} \quad b_o = -3 - \sqrt{15})$$

ou

$$a_o = -3 \quad \text{et} \quad (b_o = -3 + \sqrt{3} \quad \text{ou} \quad b_o = -3 - \sqrt{3})$$

En outre, le critère J admettra un minimum en l'un de ces points si

$$\frac{d^2J}{da^2} \cdot \frac{d^2J}{db^2} > \left(\frac{d^2J}{da.db}\right)^2 \text{ en } (a_o, b_o) \qquad (3)$$

et

$$\frac{d^2J}{da^2} > 0 \qquad (4)$$

Comme $\dfrac{d^2J}{da^2} = \dfrac{\alpha^2}{2(3+b)} \cdot \dfrac{18}{a^3}$, on peut déjà rejeter les solutions :

$$\left\{\begin{array}{l}(a_o,b_o) = (+3,\ -3-\sqrt{15}) \\ (a_o,b_o) = (-3,\ -3+\sqrt{3})\end{array}\right\} \quad \text{car alors } \frac{d^2J}{da^2} \text{ est négatif}$$

Après calculs, la condition (3) devient :

$$\frac{18\ \alpha^2}{2a^3(3+b)} \cdot \frac{\alpha^2}{(3+b)^3}\ (a + \frac{9}{a} + 9) > (\frac{\alpha^2}{2(3+b)^2}\ (\frac{9}{a^2} - 1))^2$$

$$36\ (a + \frac{9}{a} + 9) > (\frac{9}{a^2} - 1)^2$$

Pour $a = \pm\ 3$, le second membre de cette expression est nul et le premier membre est toujours positif ; donc, cette condition est vérifiée pour les deux solutions possibles restantes.

Parmi les solutions restantes, certaines n'assurent peut-être pas la stabilité du système. Pour savoir si le système est stable, on peut adopter deux procédures :

- Comme le déterminant de Q est toujours positif, quelles que soient les valeurs de a et b, Q est définie positive. Si donc on calcule la matrice L pour toutes les solutions restantes, il ne faudra retenir que les solutions pour lesquelles L est définie positive.
- La seconde procédure consiste à calculer les valeurs propres de A et à ne retenir que les solutions pour lesquelles la partie réelle de ces valeurs propres est négative. Pour cela, on détermine le polynôme caractéristique :

$$g(\lambda) = \lambda^2 + (b+3)\ \lambda + a$$

Si $a_o = -\ 3$ et $b_o = -\ 3 - \sqrt{3}$, alors :

$$\lambda_1 = \frac{\sqrt{3} + \sqrt{15}}{2} > 0 \qquad \text{et} \qquad \lambda_2 = \frac{\sqrt{3} - \sqrt{15}}{2} < 0$$

Si $a_o = 3$ et $b_o = -\ 3 + \sqrt{15}$, alors :

$$\lambda_1 = \frac{-\sqrt{15} + \sqrt{3}}{2} < 0 \qquad \text{et} \qquad \lambda_2 = \frac{-\sqrt{15} - \sqrt{3}}{2} < 0$$

Donc l'unique solution est obtenue en

$$\boxed{a_o = 3 \qquad \text{et} \qquad b_o = -\ 3 + \sqrt{15} = 0{,}873}$$

L'équation d'état du système bouclé s'écrit donc :

$$\dot{\underline{x}} = \begin{bmatrix} 0 & 1 \\ -3 & -\sqrt{15} \end{bmatrix} \underline{x} \quad \text{avec} \quad y = [1 \quad 0]\, \underline{x}$$

c) Calcul de la matrice de transition :

$$e^{At} = \alpha_o \mathbb{I} + \alpha_1 A \quad \text{avec} \quad \begin{cases} e^{\lambda_1 t} = \alpha_o + \lambda_1 \alpha_1 \\ e^{\lambda_2 t} = \alpha_o + \lambda_2 \alpha_1 \end{cases}$$

D'où :

$$e^{At} = \begin{bmatrix} \alpha_o & \alpha_1 \\ -3\alpha_1 & \alpha_o - \sqrt{15}\alpha_1 \end{bmatrix} \quad \text{avec} \quad \begin{cases} \alpha_o = (\lambda_1 e^{\lambda_2 t} - \lambda_2 e^{\lambda_1 t})/\sqrt{3} \\ \alpha_1 = (e^{\lambda_1 t} - e^{\lambda_2 t})/\sqrt{3} \end{cases}$$

et
$$\underline{x} = e^{At}\, \underline{x}_o = \begin{bmatrix} \alpha_1 \\ \alpha(\alpha_o - \sqrt{15}\alpha_1) \end{bmatrix}$$

D'où :
$$y = x_1 = \frac{1}{\sqrt{3}} e^{\lambda_1 t} - \frac{1}{\sqrt{3}} e^{\lambda_2 t}$$

et
$$v = -bx_2 - ax_1 = (+3 - \sqrt{15})\, x_2 - 3x_1$$

$$v = \frac{\alpha(3 - \sqrt{15})}{\sqrt{3}} (\lambda_1 e^{\lambda_2 t} - \lambda_2 e^{\lambda_1 t}) + (12 - 3\sqrt{15})\, \alpha (e^{\lambda_1 t} - e^{\lambda_2 t})$$

$$v = \alpha(12 - 3\sqrt{15} + (\sqrt{5} - \sqrt{3})\, \lambda_2)\; e^{\lambda_1 t}$$

$$+ \alpha((\sqrt{3} - \sqrt{5})\, \lambda_1 - 12 + 3\sqrt{15})\; e^{\lambda_2 t}$$

et ce, avec :

$$\lambda_1 = \frac{-\sqrt{15} + \sqrt{3}}{2} \simeq -1{,}07 \quad \text{et} \quad \lambda_2 = \frac{-\sqrt{15} - \sqrt{3}}{2} \simeq -2{,}80$$

<> <> <> <> <>

Imprimerie GAUTHIER-VILLARS, France
Dépôt légal, Imprimeur, n° 3422

Dépôt légal : mars 1989

Imprimé en France

Dépôt légal 1re édition : 2e trimestre 1981